安防
职业教育
|典型案例集|

孙宏/主编　李超/执行主编

华中科技大学出版社
http://www.hustp.com
中国·武汉

图书在版编目(CIP)数据

安防职业教育典型案例集/孙宏主编;李超执行主编. —武汉:华中科技大学出版社,
2022.9
ISBN 978-7-5680-8668-4

Ⅰ. ① 安⋯ Ⅱ. ① 孙⋯ ② 李⋯ Ⅲ. ① 安全防护-职业教育-产学合作-研究-中国
Ⅳ. ① X924.4-4

中国版本图书馆 CIP 数据核字(2022)第 162050 号

安防职业教育典型案例集   孙　宏　　主编
Anfang Zhiye Jiaoyu Dianxing Anliji   李　超　执行主编

策划编辑:郭善珊
责任编辑:张　丛
封面设计:傅瑞学
责任校对:张会军
责任监印:朱　玢
出版发行:华中科技大学出版社(中国·武汉)　　电话:(027)81321913
　　　　　武汉市东湖新技术开发区华工科技园　　邮编:430223
录　　排:华中科技大学出版社美编室
印　　刷:湖北新华印务有限公司
开　　本:710mm×1000mm　1/16
印　　张:16.5
字　　数:254 千字
版　　次:2022 年 9 月第 1 版第 1 次印刷
定　　价:89.00 元

《安防职业教育典型案例集》

编委会名单

主　　编：孙　宏

副 主 编：刘桂芝　周俊勇　徐　慧

执行主编：李　超

编　　委：（按姓氏笔画排序）

万　敏	王佳蕊	王海军	王　晶	王　珏	尹　辉
孔庆仪	齐　霞	孙　敏	苏志贤	李　特	杨　春
杨群清	吴和生	余训锋	余莉琪	汪海燕	张　勇
罗明从	周　波	周静茹	赵　毅	胡　操	敖天翔
郭志刚	海　南	涂婧璐	黄超民	曹荣霞	蒋卓强
程　静	曾祥燕	谢家靖			

序

全国安防职业教育联盟（National Security Precaution Vocational Education Alliance）（以下简称联盟）成立于 2016 年 10 月，组织代码：330106319935。它是一个由浙江警官职业学院、浙江省安全技术防范行业协会共同发起，以推进职业教育集团化办学、跨区域共建共享共发展为目标的全国性安防职业教育平台。2021 年 6 月，联盟入选国家第二批示范性职业教育集团（联盟）培育单位。

联盟受全国司法职业教育教学指导委员会指导开展工作，现有高职院校、中职学校、本科院校、政府部门、企业、行业组、科研机构等成员单位 63 家。联盟发起单位浙江警官职业学院是国家高水平专业群建设单位、浙江省高水平职业院校建设单位，其中安全防范技术专业群是浙江省双高建设计划高水平 A 类专业群，建有国家精品共享课程 2 门，央财支持实训基地 2 个，国家生产性实训基地 2 个，1＋X 实训室 5 个，企业生产性实训基地 2 个。

联盟坚持"校企协联盟，产学研协作，共建共享共赢共发展"的理念，基于职业教育院校和行业企业发展的未来战略，通过利益共同体，重构校企合作关系，创新校企合作模式，为校、企、协、政共同探索在机制体制改革、招生招工一体化、人才培养模式等方面的实践提供合作与交流平台，服务联盟、学校和企业,为区域经济发展赋能。联盟积极创新机制体制,推进成员企业与成员学校共建产业学院;探索中高本贯通、学历教育和职业培训融通培养模式;在全国司法职业教育教学指导委员会指导下,参与2021年新版职业教育专业目录的修订,主持教育部司法类"数字安防技术""国际安保服务与管理""智慧司法技术与应用"等高职本科专业,"安全防范技术""安全保卫管理""智能安防运营管理""司法信息安全"等高职专科专业,以及"安全保卫服务"中职专业的教学标准修(制)订工作;每年召开联盟理事大会暨数字安防职业教育改革论坛,举办全国高职院校安防技能大赛,组织开展联盟内校企用人招聘活动。联盟成功主办了2018年中国(乌镇)立体安防技术应用大会"安防职业教育分论坛"、2019年高等职业教育司法类安全防范技术专业建设与发展研讨会、2019年全国安防职业教育联盟产教融合研讨会,连续两年举办"宇视杯"全国高职院校安防技能大赛。

与此同时,联盟服务于国家发展战略,发挥跨界优势,助推平安城市建设。联盟成员共同参与了"环沪护城河""G20峰会"等重大安保活动,并为"上合组织"峰会、中国国际进口博览会、世界互联网大会、世界地理信息大会等重大安保活动保驾护航。

为贯彻落实国务院办公厅《关于深化产教融合的若干意见》(国办发〔2017〕95号),进一步深化产教融合,全面推行校企协同育人,总结和宣传全国安防职业教育联盟各成员单位培养高素质安防创新人才和安防技术技能人才的成功经验与成果,提升产教融合社会影响力,发挥优秀示范和借鉴引领作用;2021年,全国安防职业教育联盟向各成员单位(中高职院校、本科院校、行业协会以及相关企业)、与成员单位有良好合作的各省市协会和企业,征集通过校企合作共同育人、合作研究、共建机构、共享资源等方式实施合作活动、推进产教融合的理论探索和典型实践案例,经过专家评审和评委会终评等环节,现将最终评选出的部分优秀案例结集出版。由于编写时间有限,本案例集中若有错误之处,请读者谅解,并批评指正。

编委会

目录

"三度并进，行校企耦合"

——创建国家级产教融合实训基地的探索与实践①

一、实施背景

（一）面临的挑战

职业教育实训基地对接学生职业技能培养，是高校培养高素质技术技能人才不可或缺的"孵化器"。《国家职业教育改革实施方案》（国发〔2019〕4 号）中明确提出："加大政策引导力度，充分调动各方面深化职业教育改革创新的积极性，带动各级政府、企业和职业院校建设一批资源共享，集实践教学、社会培训、企业真实生产和社会技术服务于一体的高水平职业教育实训基地。"在职业教育改革背景下，深化产教融合，校企共建实训基地，将产业发展需求精准采集、转化并传递到职业教育人才培养全过程，创新机制和管理模式，促使实训基地的建设与管理绩效达到高水平，是高职院校需要用战略性视角思考和落实的课题。

（二）存在的问题

在建设职业教育实训基地的过程中，遇到的痛点和难点主要有以下几

---

① 本案例入选教育部 2021 年产教融合校企合作典型案例。作者：徐慧，浙江警官职业学院安全防范系办公室主任、讲师。

点：① 企业缺乏合作动力和共建意识；② 校企合作合而不融、融而难深，合作模式缺乏可持续性；③ 基地建设成果的育人成效不明显，产业发展需求传递不实时。

二、主要做法

（一）形成"三度并进，行校企耦合"校企合作基地共建模式

浙江警官职业学院（以下简称"学院"）安全防范技术专业依托国家级杭州数字安防产业集群优势，与国内安防龙头典型企业"海、大、宇"（杭州海康威视、浙江大华股份、浙江宇视科技）等建立战略合作关系，带动产业链百强企业，辐射安防生态圈，"点、链、圈"拓宽校企合作广度。学院与浙江大华共建大华股份产业学院，引入企业运维、客户服务生产线，"校中厂"延伸工学结合深度。学院还与浙江省安全技术防范行业协会共建省内唯一"浙江省安全技术防范行业协会培训中心"，共创全国安防职业教育联盟，并依托此联盟开展 X 证书培训、学生技能大赛，"行校企平台"增强产教融合力度。如图 1 所示。

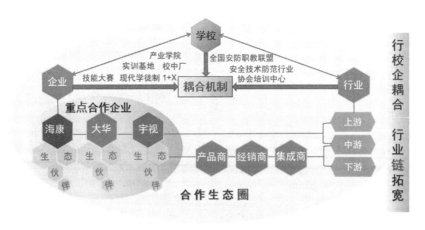

图 1　"三度并进，行校企耦合"校企合作模式

（二）探索"引、合、构、创"的产教融合实训基地共建路径

浙江警官职业学院于 2000 年全国首创安全防范技术专业（以下简称安防专业）。2006 年，专业秉持"顺应产业创专业，根植行业建专业，服务行业促专业"的发展理念，立足杭州数字安防优势，把专业建在产业链上，找准产教融合发力点，与海康威视、浙江大华等逐渐发展壮大的安防企业建立战略合作（图 2），共育产业人才。依托 2008 年国家示范校、2016 年优质校、2019 年"双高"校建设契机，逐步深化校企合作。依据产业知识技术的基本特征、表现形态与实际需求，定位和规划实训基地，推进基地建设，深挖基地效能，深化育人成效。

1. "引"：政策引导，强化企业产教融合意识

安防专业服务于以杭州为代表的"万亿级数字安防产业集群"，培养适应现代安全服务业所需的高素质技术技能人才。基于产业和人才定位，实训基地的建设布局紧密围绕区域数字安防产业的转型升级，以及产业对高素质技术技能人才的需求，统筹规划，分段落实。产教融合实训基地充分发挥院校在政策解读、方案申报上的优势，向龙头企业宣贯产教融合政策，引导其向产教融合型企业发展，助力企业获批职业教育培训评价组织。2020 年，学院成为教育部"建筑工程识图""物联网智能家居系统集成和应用"等 4 项职业技能 X 证书试点单位；2021 年，与企业合作开发"安全防范系统建设与运维"等 3 项 X 证书获批教育部第四批职业技能等级证书，并承担 X 证书的基地建设、教材编写、全国师资考证等合作项目。如图 3 所示。

图 2　与海康威视签订校企战略合作协议

图 3　与宇视科技共同发布 X 证书并发言

2. "合"：校企合作，建设 "校中厂" 解决企业用人需求

与浙江大华深度合作，成立 "大华股份产业学院"。为解决企业设备维修人员、客户服务人员不足的现状，引入企业运维、客户服务生产线，建成 "校中厂" ——全球设备维护维修中心和远程技术支持中心，融入企业文化元素。"校中厂" 定位于产品维修工程师、客服热线工程师岗位，由企业派驻技术人员作为校内常驻兼职教师，开展现代学徒制班 "订单教学"、X 证书考证及师资培训。全球设备维护维修中心运作第一年，共计为企业维修设备产品 5000 余件，折合利润 230 余万元。学徒制班全员通过考核并签约大华技术股份有限公司（简称 "大华股份"），毕业后直接分配至各个区域，在维修岗位贡献力量。通过基地共建，企业解决用人需求，学生得以高质量就业，不仅校企双方互惠，也转变了学习者对职业教育的态度，增强了职业教育吸引力。如图 4～图 6 所示。

图 4 与浙江大华共建智能安防检测检修中心

图 5 智能安防检测检修中心暨现代学徒制班签约仪式

图 6 第一届大华股份现代学徒制班毕业签约仪式

3. "构"：行动导向，构建"学练赛一体"实践体系

构建行业认知、课内实操、证书实训、学徒顶岗、竞赛实践"学练赛一体"实践体系。学院通过开展行业专家讲座、参观企业展厅等方式提高行业认知；以课内实操辅以综合实训练就基础技能；通过现代学徒制＋企业订单强化专业技能；以大学生电子设计、产品检测维修等竞赛为载体提升综合能力；组织专业教师考取 X 证书讲师资质，参与 X 证书教材开发并将内容融入专业教学。获奖成果如图7、图8所示。

图7　现代学徒制学员获省级竞赛二等奖（左数第三）

图8　"宇视杯"全国高职院校安防技能竞赛

4. "创"：产教联盟，创新"行校企耦合"良性发展机制

安防专业与浙江省安全技术防范行业协会共建省内唯一"浙江省安全技术防范行业协会培训基地"（图9），并注重发挥该基地的社会服务与培训功能，保障行业从业人员的资信等级培训、继续教育培训、新兴技术及标准宣贯培训。2018年，校企双方共同发起成立"全国安防职业教育联盟"（以下简称"联盟"），集结19家全国安防类中高本院校，33家企业及10余家行业组织、政府部门、科研机构等，搭建行、校、企协同育人平台，共同探索人才贯通培养模式，共建共享产教融合改革成果。联盟相继召开了安全防范技术专业建设与发展研讨会、无人机安防应用与入侵反制研讨会、无人机实战演练、安防职业教育产

图9 培训基地揭牌仪式

教融合研讨会等系列全国性研讨会议（图10），举办数届全国安防职业技能大赛和全国X证书师资培训班，将基地建设经验在全国范围内交流分享，从而实训基地的育人成效进一步显现。

图10 系列全国性研讨会议

三、成果成效

（一）践行立德树人宗旨，锻造行业亟须人才

近年来，人才培养质量稳步提升，学院学生双证书通过率100%，学生总体满意度93.5%，各项指标均高于全省平均水平。学生连续两年获"宇视杯"全国安防技能大赛特等奖，获浙江省"挑战杯"、TI杯电子设计大赛等各类奖项80余人次。参与大华雪亮工程项目竣工验收技术支持和宇视安防产品及解决方案进社区等项目30余项，为行业企业提供技术支持。

（二）深耕安防职业教育，汇聚重大建设成果

2012年以来，学院为安防行业输送1850名专门人才，培训在职员工超30000人次。安防技术专业群成为国家双高建设计划备选专业群，入选浙江省"双高"建设A类专业群。安防技术专业成为国家示范专业、国家骨干专业、省特色和优势专业。建有产教融合实训基地，包括中央财政支持实训基地1个，国家生产性实训基地1个，省级示范性实践基地2个，"校中厂"2个，1+X职业技能考证实训基地2个，"双师型"教师培养培训基地1个。

（三）引领安防产教融合，赢得校企协政赞誉

学院建有浙江省安全技术防范行业协会唯一指定行业培训基地，并获浙江省高校唯一"突出贡献奖"。牵头建设"全国安防职业教育联盟"并成功入选第二批国家示范性职教联盟培育单位（图11）。中国人民公安大学、南京森林警察学院、深圳职业技术学院等50余所高等院校先后来学院借鉴产教融合型基地建设经验。相关建设成果被《中国教育报》、新华网、中国安防行业网、安防展览网、《浙江工人日报》等媒体广泛报道。

关于公布第二批示范性职业教育集团（联盟）培育单位名单的通知

教职成司函〔2021〕25号

各省、自治区、直辖市教育厅（教委），各计划单列市教育局，新疆生产建设兵团教育局，有关单位：

根据《关于开展示范性职业教育集团（联盟）建设的通知》（教职成司函〔2019〕92号）的工作安排，经自愿申报、省级教育行政部门和有关行指委推荐、专家遴选、公示等环节，确定了第二批示范性职业教育集团（联盟）培育单位名单，现予以公布（名单见附件）。

各地教育行政部门、有关单位要深入贯彻落实全国职业教育大会精神，充分认识推进职业教育集团化办学的重要意义，对示范性职业教育集团（联盟）培育单位开展体制机制改革、招生招工一体化、培养模式创新等探索实践优先给予政策支持。要按照《关于做好全国职业教育集团化办学统计工作的通知》要求，每年组织职教集团（联盟）在"全国职业教育集团化办学统计与公共服务平台"（网址：jth.chinazy.org）填报相关数据。今年填报时为6月10日—9月30日。我司将按照《职业教育提质培优行动计划（2020—2023年）》要求，适时认定一批实体化运行的示范性职教集团（联盟）。

联系人及电话：

第二批示范性职业教育集团（联盟）培育单位名单

序号	集团名称	牵头单位
47	全国安防职业教育联盟	浙江警官职业学院 浙江省安全技术防范行业协会
48	衢州市衢江区职业教育集团	衢州市衢江区职业中专
49	浙江旅游职业教育集团	浙江旅游职业学院
50	浙江三江职业教育集团	浙江工商职业技术学院
51	台州湾职业教育集团	台州职业技术学院
52	全国高等职业院校技术应用服务联盟	温州职业技术学院
53	浙江省职业教育集团	浙江省机电集团有限公司
54	宁波市鄞州区烹饪职教集团	宁波市古林职业高级中学
55	宁波现代服务业职业教育集团	宁波城市职业技术学院

图 11　全国安防职教联盟入选国家示范单位

四、经验总结

基于《国家职业教育改革实施方案》的政策导向，浙江警官职业学院安全防范技术专业深耕于产业，坚持产教融合，探索"引、合、构、创"的职业教育产教融合型实训基地建设路径，依托大华股份产业学院和全国安防职业教育联盟，创新良性发展机制，形成"三度并进，行校企耦合"校企合作模式，打造"学练赛一体"的实践体系，实现基地的开放共享，为职业教育高质量校企协同育人提供了借鉴模板，促使实训基地建设与管理成效迈向高水平和专业化。

在高水平职业教育实训基地建设过程中，学院虽取得了一定成效，但仍有需要反思与改进之处：① 进一步开放共享，开发线上线下教育资源服务，满足社会继续教育与认知培训需求，加强社区教育和终身学习服务；② 进一步扩大服务资源辐射范围，服务中小微企业的技术研发和产品升级，服务边远和欠发达地区，为技术技能型人才畅通持续成长的渠道。下一步，学院将继续深化产教融合实训基地建设，聚焦机器视觉等AI新技术，打造钱塘新区高教园智能安防联网运营基地样板；依托基地，优化"双师型"培养培训基地，积极建设工坊型基地，赋能欠发达区域及中小企业数字化转型。

五、推广应用

本案例是在"双高"背景下，深化产教融合实训基地的建设成果。笔者多年来持续参与安全防范技术专业实训基地的建设，充分认识到产教融合、校企合作对于办好职业教育的重要性，故将此过程中的建设难点、创新做法做一总结，供同类院校及同仁借鉴共享。本案例适用于中职、高职、高职本科安全防范类专业实训基地的建设，适用于安防技术相关电子信息类相关专业实训基地的建设，也可供致力于探索产教融合校企协同育人的院校和专业借鉴参考。借鉴过程中，大家应结合专业所服务区域、依托产业的具体特征和产业对人才的需求，优选龙头企业为长期合作伙伴，在国家政策的推动下达成校企的共建共赢。

以"校企、校行合作"为平台
培养安防多元化复合型专业人才①

一、学校简介

江苏省司法警官高等职业学校(江苏联合职业技术学院司法警官分院)是经江苏省人民政府批准的一所实行警务化管理的政法类五年全日制高等职业学校。学校始建于 1985 年,坐落于历史文化名城——镇江市,校园占地 535 余亩,现有全日制在校学生 2480 余人,校舍建筑面积 16.21万平方米,学校图书馆藏书 20 万册。

学校设有刑事执行、罪犯心理测量与矫正技术、社区矫正、法律事务、法律文秘、安全防范技术、司法信息技术 7 个专业。其中,刑事执行、罪犯心理测量与矫正技术为国控专业。2019 年申报国控专业"司法信息安全",获教育部批准。建校三十余年来,学校为全省监狱、强制戒毒系统培养输送了 6600 多名合格的监狱、戒毒警察,并为社会培养了一大批具有专业实务技能的高素质技能型人才。据不完全统计,已有超百名

① 本案例被评为全国安防职业教育联盟"产教融合·校企合作"典型案例一等奖。作者:王海军,副教授,江苏省司法警官高等职业学校专业科主任。研究方向为信息安全及信息化;吴和生,讲师,江苏省司法警官高等职业学校专业科副主任。研究方向为信息技术、高职教育。

优秀毕业生走上全省监狱、强制隔离戒毒单位的领导岗位。

学校现拥有一支教育理念新、教学水平高、科研能力强、中高级专业技术职称为主体的教师队伍。现有教职工 192 人，其中专任教师 122 人，有正高职称教师 1 人、副高职称教师 31 人，博士研究生毕业 3 人、博士研究生在读 1 人，硕士研究生学历 42 人，双师型教师 87 人。有中央政法委、教育部"双千计划"首批卓越法律人才培养对象 1 名，江苏省人民政府"有突出贡献的中青年专家" 1 名，省政法委法律专家 1 名，省十大优秀青年法学家 1 名，省"333 高层次人才培养工程"第三层次培养对象 8 名，江苏高校"青蓝工程"中青年学术带头人 2 名、优秀青年骨干教师 4 名，中国监狱工作协会"十百千"第一层次人才 1 名、江苏省监狱系统"十百千"人才工程首席专家 2 名、领军人才 6 名，江苏联合职业技术学院专业带头人 4 名。

学校注重实践性教学，教学科研仪器设备总值超 2600 万元。校内建有刑事影像处理室、心理咨询实训室、心理评估实训室、心理治疗实训室、现场处置实训室、视频监控实训室、文字速录室、模拟法庭、安防监控实训室、格斗搏击训练馆、体能训练馆、警察礼仪实训室等 39 个实训场（室）。校外，在全省监狱、司法局（所）、看守所和法律服务机构挂牌建立了 44 个实习、教研基地。

学校成立了全国首家监狱发展研究院，着力加强监狱工作理论研究。近年来，学校承担了国家社科基金青年项目 1 项、省部级科研项目 10 余项，有多项科研成果获省部级奖励；出版专著 3 部，编写《刑事法学通俗读本》等教材 15 部；其中《刑事法学通俗读本》被评为全国优秀社会科学普及作品。

二、系、专业（群）简介

安全防范技术专业（以下简称安防专业）始建于 1993 年，其前身为企业保卫专业，同年开始与镇江市人事局合作代培企业保卫人员。2004年学校恢复招生以后，在调研、学习其他院校的基础上，成立了安全防范技术专业，设置安全管理方向。但是，安防专业在取得一定成绩的同时，也面临着危机。2016年学校不再设置安全管理方向，原专业正式调整为安全防范技术专业。2019年开始与江苏省保安协会开展人才培养合作项目。目前，该专业的招生规模为每年50人左右，在校生人数为211人。

安防专业现有专任教师16名。其中副教授5名，讲师6名；硕士研究生学历的教师8名；双师型教师12名。同时，在行业企业（监狱）和其他学校聘有校外兼职教师若干名。近年来，教师积极参加各类教学技能大赛，1名教师获得国家级教学技能竞赛优秀指导教师2次，2名教师获得市级教学技能竞赛二等奖共2次。多名教师多次获得市级教学技能竞赛三等奖。在教科研方面，教师近年来发表论文60余篇，主持省级课题10项、市级课题20余项；学生积极参加国家级、省级以上职业院校技能大赛，先后在全国高职高专院校安防技能竞赛、江苏联合职业技术学院第一、二届应急救护技能比赛中荣获多个一等奖。

校内，安防专业现有监控技术实训室、现场处置实训室、智能楼宇实训室、消防技术实训室、视频融合实训室、电工电子实训室等多个实验实训场所；校外，在江苏省镇江监狱、南京市拘留所、南京市第三看守所、浙江宇视科技有限公司、江苏精锐特卫保安服务有限公司、盐城德风特卫云安防科技有限公司、苏州营财保安服务股份有限公司、镇江市保安服务总公司、镇江长江保安服务有限公司等处设有30多家实训基地，较好地满足了学生实习实训的需要。

三、"产教融合·校企合作"整体情况

近年来，安防行业已形成了门类齐全、技术先进的产业体系，安防行业呈现出企业不断成长壮大，创新能力大幅增强，产品质量全面提高，市场容量日益扩张，应用领域持续延伸，经济效益快速攀升的爆发式增长、跨越式发展的景象。江苏省地处长三角地带，属于经济发展大省，安防行业产品及安防技术的应用市场巨大。社会经济的建设与发展对安全提出了强烈要求，安防行业的发展迫切需要大批专业人员，加之江苏省政法系统

特别是监狱系统的信息化建设也需要大量懂安防技术的人民警察，预计每年专业技术人才需求的增长率将超过10%。同时，安防行业还是一个关系人民生命财产安全的特殊行业，需要具备专业的安保技能人才，因此比其他行业更加需要职业规范。将学校警务化特色与安防专业相结合，培养具备警察素养、拥有安防技术和人防技能的高素质技能型人才，应当成为学校人才培养的改革试点与新的增长点。

学校积极探索，从专业建设和教学改革入手，积极与优秀安防企业公司以及江苏省保安行业合作，推进培养模式和课程体系改革，面向市场、面向行业、面向地方经济建设，以就业为导向，以能力为本位，以质量求生存，强化实践教学，以产学研为途径，进一步深化产教融合，全面推行校企协同育人的发展模式。

四、校"企"合作项目内容、项目名称

（一）与浙江宇视科技有限公司开展"校企合作"

在社会、行业发展和学校专业建设需求的基础上，为了切实深化职业教育教学改革，促进产教融合，提高专业建设水平和人才培养质量，学校与浙江宇视科技有限公司（以下简称"宇视科技"）开展深度合作，签订了校企合作协议（图1），挂牌成立"宇视科技安防技术学院"（图2），积极推动安全防范技术一流专业的建设与发展。双方围绕"技术培训""实

图1　签订校企合作协议　　图2　"宇视科技安防技术学院"授牌仪式

习就业""师资培养""实训室建设""技能认证"等多方面深入合作，促进了我校安全防范技术专业的教学和人才培养工作，加快学校打造一流专业的步伐。

（二）与江苏省保安协会开展"校行合作"

随着经济的发展，国内各类治安案件、刑事案件增多，人们越来越重视生命、财产安全，社会对安全服务的需求也越来越大。在这样背景下，对公民安全起着重要作用的保安服务业得到迅速发展。为了切实促进产教融合，提高专业建设水平和人才培养质量，学校与江苏省保安行业协会开展深度合作，积极推动安全防范技术一流专业的建设与发展，围绕"实习就业""行业服务""技能鉴定"等多方面开展深入持续的合作，旨在发挥校企合作的优势，培养和储备一批政治素质强、文化程度高、技能素质好的专业化保安管理人才队伍，进一步促进安全防范技术专业的教学和人才培养工作，加快学校打造重点专业建设的步伐。

五、合作方介绍

（一）浙江宇视科技有限公司

浙江宇视科技有限公司是全球公共安全和智能交通的解决方案提供商，是以可视、智慧、物联产品技术为核心的引领者，是安防行业的主要企业之一。该公司具有良好的技术支撑和一定的技术培训师资，并与全国多个高校有着长期良性的合作关系，在服务学校专业建设上走在同类公司的前列。

（二）江苏省保安协会

江苏省保安协会成立于 2008 年 11 月。它是经江苏省民政厅批准注册登记，由江苏省行政区域内依法注册设立的从事各类保安服务的企业，以及支持保安服务发展的单位和个人自愿组成的全省行业性的社会团体。江苏省保安协会为非营利性社会组织，业务主管单位为江苏省公安厅。协会在公安机关指导下依法开展提供服务、规范行为、反映诉求等保安服务行业自律工作。现有保安服务公司832家、自行招用保安员单位1.2万余家。

六、合作过程、内容

（一）案例1：校企合作，深化交流机制

1. 依托企业资源，开展前沿技术讲座

鉴于该公司所掌握前沿技术的优势，学校积极拓展学生技术培训工作，举行江苏首场"宇视科技2017百校技术讲座"（图3）。由浙江宇视科技有限公司陆荣和高级工程师做了"AI时代的机会"的主题讲座，介绍了人工智能领域"安防与机器视觉"的发展历程，阐述了安防机器视觉（SMV）的构成，着重讲解了深度学习技术在智能视频监控中的应用，展示了安防机器视觉战略的发展蓝图，提出了"可视、智慧、物联"的发展理念。此次技术讲座，给同学们带来了一场技术盛宴，让同学们认识了"深度学习""深度智能"等概念，更使广大同学对安防行业有了一定的认识，激发了他们学习专业技能的兴趣。

司法部在《"十三五"全国司法行政信息化发展规划》中，进一步强调了司法系统信息化的重要性。打造"智慧监狱"符合当今社会发展的主流趋势，能够为监狱工作提供便利的同时，使得监狱更加安全，有助于提高工作效率，保障工作准确无误。目前江苏省第一批6家、第二批8家监狱单位通过司法部"智慧监狱"建设项目的验收。

为了解行业发展的最新信息，学校邀请浙江宇视科技有限公司技术专家举办"视频监控与智慧监狱"专题讲座（图4）。专家从安防行业发展、视频监控技术演进以及智慧监狱解决方案三个方面，深入浅出地讲解了安

图 3　宇视科技 2017 百校技术讲座　　**图 4　"视频监控与智慧监狱"专题讲座**

防行业的市场规模、人才需求、人员薪资以及安防行业视频监控技术发展趋势，并结合生活实际，通过丰富的案例，带领大家领略监控技术在平安城市、智慧监狱、数字校园等各个领域的应用价值。最后，针对监狱这个特殊视角，详细介绍了智能监控在智慧监狱中的应用及未来发展趋势。

2. 加强合作交流，进行师资培养

师资队伍建设是专业建设发展的基石，一流的教学内容、一流的教学方法、一流的教材、一流的教学管理首先需要有一流的师资队伍。学校领导高度重视安防技术学院的师资建设，组建了以王海军、孙卫东副教授牵头的安防技术学院"教学团队"（见表 1）。

表 1　安防技术学院师资成员表

	身份	姓名	校内职务	职称
业务人员	安防技术学院负责人	王海军	主任	副教授
	安防技术学院培训接口人	王海军	主任	副教授
	教务负责人	师喜林	副处长	讲师
	宇视认证讲师	孙卫东	专业带头人	副教授
	宇视认证讲师	张化龙	副主任	讲师
	宇视认证讲师	吴和生	副主任	讲师
	宇视认证讲师	孙迪		讲师
	宇视认证讲师	曾晓	大队长	讲师

3. 邀请技术专家，培训选拔职业竞赛学生

为了不断地提高安防专业学生的技术水平，安防专业团队积极寻找"竞赛平台"，以赛促练，专业邀请宇视公司技术专家到校授课，指导校级技能竞赛的项目类型，定期培训"安防技术兴趣小组"成员，强化优化技术能力，不仅增强了学生的专业知识，提高了学生动手能力，而且提升了学生的职业综合能力，培养了学生的职业素养。2019 年"宇视杯"首届全国高职院校安防技能大赛获得成绩的选手，正是从平时专业授课的兴趣小组中选拔出的优秀选手。

（二）案例 2：校行合作，培养需求人才

学校于 2019 年与江苏省保安协会签订校企合作协议，依托行业资源，共同开展专业化保安管理人员的培养工作。

1. "校行合作"实现共同育人

安全防范技术专业与江苏省保安协会签订了专业共建协议，学校将有针对性地开展企业适岗培训，包括企业新型学徒制培训、精准培训等项目，为专业保安管理者提供专业的岗前培训与在岗培训服务。同时，安防专业与合作单位共同制订人才培养方案、共同开展课程建设和师资队伍建设以及在职培训，共建共享实训实习基地，共管学生实习，合作开展保安管理工作领域的应用性研究。通过"校行合作"，基本实现了人才与行业协会单位共育、过程与行业协会单位共管、资源与行业协会单位共享的局面。

2. "产教结合"实现职业对接

通过课程建设、师资队伍建设以及实训场所建设等方面与保安管理业务工作实际和环境条件的结合，实现专业人才培养与保安管理职业的对接。在课程建设与改革方面，专业坚持与协会单位合作开发课程，依据职业岗位的任职要求和保安管理的实际工作任务构建课程体系，确定教学内

容，做到课程与保安管理工作相结合。在师资队伍建设方面，安防专业定期选派专业课教师到协会单位进行岗位实践锻炼，有效提升专业课教师保安管理工作实践能力；合作单位在一线的保安管理人才中选派业务骨干承担专业的实践课教学和学生到安保公司实习的指导老师，基本形成了"品德高尚、业务精湛、专兼职教官相结合"的专业教学团队。在实训条件建设方面，紧密结合保安管理业务工作实际，与合作单位同步建立现场处置实训室、监控技术实训室、消防技术实训室等，确保实训条件、要求与现代保安管理工作相适应。

3. "教学练战"突出实战能力

按照融"教、学、做"为一体的思路，结合安全防范技术专业以培养现代保安管理人才为目标的实际，安防专业探索和实施了"教学练战"的教学方法。即：在专业课程的教学过程中以学生为主体，将教、学、练和实战紧密结合，着力突出学生从事保安管理实践能力的培养。其一，在教学过程中选取协会单位实际发生的鲜活业务案例进行案例教学和角色扮演，并组织学生开展专项训练。其二，积极开展专业技能大赛。与协会合作开展保安管理技能、警务实战技能、监控技术技能、现场处置技能等职业核心技能大赛，并选拔人员组队参加江苏省保安员职业技能竞赛，实现"以赛促教、以赛促学、以赛促练"的目的（见图5、图6）。其三，开展考试考核方法的改革。为充分体现学、练、战成果的检验，学校实行多元考试考核方法，传统的笔试考试只占到考核比例的30%左右，而采取的口试、角色扮演测试、实训操作测试等实务性考试占50%以上，另外在职业精神和学习态度方面的考查占20%左右。其四，切合实际地开展学生实习工作。2019年在江苏省保安协会的协调下，学校部分学生统一安排到苏州保安公司实习，采取岗位协管实习的方式，一名经验丰富的保安管理人员带1～2名学生在一线进行为期半学期的实习，以此锻炼和培养学生保安管理工作的实战能力。

图 5　第二届全省保安员技能竞赛

图 6　保安员专业技能比赛

七、合作成效

　　安全防范技术专业的建设，以校企合作办学模式为体制基础，以产教融合的人才培养模式为平台，在人才培养方案的调研、制订与修订过程中，学校时刻保持与企业之间的联系，让教师深入企业一线进行调研，让企业一线专家参与人才培养方案的制订与修改，建立了以能力为本位的教育模式，体现以技术应用为主体的教学特色，形成教学、生产相结合的理论教学体系和实践教学体系。

　　学校与宇视科技开展多方面的深度合作，将企业的技术优势和实战经验融合到专业的建设与发展上来，并多次邀请宇视科技的技术专家和业务骨干到校进行专业前沿讲座和技术实训。通过结合安防技术的实际环境，搭建实训平台，学生的专业技术能力得到了快速提升，效果显著。在2019 年"宇视杯"首届全国高职院校安防技能大赛上，学校安全防范技术专业两个团队学生，2 人获得一等奖，1 人获得二等奖，3 人获得三等奖，同时团体也获得二等奖、三等奖的好成绩。

学校与江苏省保安协会开展深度合作，拓展实践基地，以行业标准规范教学标准，实施"校协合作、教学练战"人才培养模式，有效调动了合作单位参与专业建设的积极性，整合了校内外教育资源，形成了人才培养的合力，不断提高学生的专业技能，提升了教学质量。学校安全防范技术专业学生在江苏联合职业技术学院第一届、第二届应急救护技能竞赛中都取得了一等奖的好成绩，专业技能得到了社会、职业院校的一致认可。江苏省保安协会将第二届全省保安员技能竞赛安排在学校举行，进一步扩大了学校安防专业的影响力。

教育行政部门进行的调查显示，安全防范技术专业毕业生岗位适应度为 88%，用人单位满意度为 96% 以上，每届毕业生通过自考本科的达到 80% 以上。经学校培训参加公务员招录考试，笔试合格率达到 90% 以上，优质就业率（考取公务员）都在 40% 以上。

八、经验与启示

（一）我校产教融合现状与问题

1. 学校教育存在滞后性

高职教育人才培养具有长期性、稳定性和系统性，高职院校和市场之间永远存在一定的滞后，这是学校培养方式的天然属性，产教融合、校企合作的最终目的是培养高素质技术技能人才，满足社会经济发展。当前，我校专业建设与市场需求间还是缺乏有效的沟通机制，随着经济的快速发展，技术型企业的转型升级发展也日新月异，对于专业建设而言，如果专业课程设置、教学内容跟不上时代的需求，必然造成培养的人才不符合安防行业的发展，从而使供需之间不匹配。

2. 产教合作缺乏深度性

产教融合深度不够，学校被"轻内涵、重形式"的观念所主导。仅从校企合作的角度去考虑，更多地停留在校企合作下的单项技能或模拟操作，从而使得产业和专业本身缺少内在联系。在合作方式上，主要是以讲座和兴趣小组的形式，让企业走进学校、走进教室，但实际上学校更需要让企业走进课程、走进教学，让学生真正接触到知识技能的核心。在实验教学上，实操方面多是在校实训室的模拟训练，而不是在真实工作场所的实干真做。

3. 企业主体缺乏积极性

目前普遍存在"学校热，企业冷，政府旁边看"的现象。国家及地方各级政府十分重视产教融合在职业教育发展中的作用，出台多项政策规定，但作为产教融合办学主体之一的企业积极性不高，企业对高职教育的投资是一个短期内无法看到效益的事情，导致企业不愿增加更多的成本去培养企业所需人才。高职教育产教融合深度不够，企业很难有效参与高职学生的培养过程，导致产教融合第一主体的企业成为配角。

（二）产教融合有效实施的建议

1. 加强政府统筹和监督

产教融合效率不高的症结在于顶层设计还不流畅。政府要更好地统筹职业院校和企业资源，将产业发展规划、企业人才需求、高职院校的培养目标三者相关联。与此同时，政府要建立对高职人才培养过程的有效管理监督体制。一方面，在企业和学校之间发生价值观冲突、人才培养质量不符合企业要求以及投入回报问题时，做到有章可循，提高各方参与的积极性；另一方面，政府有关部门可以将企业的校企合作情况作为考核和评价企业的重要指标来加强管理。

2. 明确学校和企业在人才培养问题下的定位和分工

在产教融合的背景下，不能将培养高技能人才的任务都推给学校主体，而是在认清事实的情况下，找准定位，明确分工。学校突出基础技术内容和职业素质的培养任务，企业侧重专业技术的实践任务，建立一套适合高职院校学生发展的灵活培养模式。学校安防专业学生，在校突出训练基础安防技术技能和职业能力，更多的实践能力训练大多数是在合作企业指导下进行的。定位明确，因而在校、市、省级比赛等各类竞赛活动中收获颇丰，效果显著。

3. 发挥行业组织作用

学校可以依托行业资源增加合作单位的数量以及丰富层次结构。一方面可以利用组织平台全面了解整个行业发展的最新动态，接触更多不同类型的企业、院校，积累资源；另一方面可以依托协会，建立集群式校外实践教学基地，通过组织桥梁作用与更多的企业建立合作关系，签订学生顶岗实习合作协议。因此，学校将会积极与安防行业、江苏省保安协会等组织保持合作，不断丰富自身资源。

"引企入校、协同育人"助力人才职业技能有效提升

——浙江警官职业学院与浙江大华技术股份有限公司校企合作的探索与实践①

浙江大华技术股份有限公司（以下简称大华股份）与浙江警官职业学院自 2007 年开始合作，从最初接纳学生就业到共建校内外实训基地，从教学资源共建及兼职教师授课到开展企业现代学徒制培训工作，再到校内全真模拟的生产性实训基地的建设。随着校企合作工作的推进，截至目前安全防范技术专业已有 60 多名毕业生在浙江大华技术股份有限公司就职，涉及产品设计、存储开发、解决方案、销售、交付服务等多个岗位。

多年来，大华股份多位资深工程师全过程参与安防专业建设，对人才培养方案、课程建设、实训和考核标准等提出契合行业发展和用人需求的中肯意见，探索并形成了与双方相匹配的认知、顶岗等实训环节管

① 本案例被评为全国安防职业教育联盟"产教融合·校企合作"典型案例一等奖。作者：刘桂芝，副教授，浙江警官职业学院安防技术专业负责人，研究方向为智能安防技术。李超，讲师，浙江警官职业学院安防技术专业专职教师，研究方向：通信技术。

理考核机制。2016 年校企共同开发"视频监控与人员定位技术融合及大数据解决方案研究"项目，校企多人参与并开展卓有成效的研究工作，取得了一定的成果。校企合作为在校学生搭建角色转换、价值实现的成长平台。

一、建立产业学院，搭建校企合作平台，服务地方经济

在多年合作的基础上，2019 年 9 月，大华股份与浙江警官职业学院实训基地暨大华股份产业学院成立（图 1）。此次合作是在国家深化职业教育改革的背景下，学院与大华股份贯彻落实产教融合、协同育人政策的战略举措。通过学校和企业的全方位深度合作，促进教育链、人才链与产业链、创新链有机衔接，共同提高服务经济社会发展的能力。校方希望大华股份能够深度参与到产业学院的高水平安防技术专业群建设、职业教育教师教学创新团队建设和高水平产教融合实训基地建设等工作之中；学院师生能够与大华股份联合开展大学生创新创业、科研课题、行业培训及社会服务等项目，做到"学中干，干中学"，促进学生综合素质和职业能力的培养，提高学生的就业竞争力。

图 1   2019 年大华股份产业学院合作现场签约与揭牌

通过校企合作平台，建立人才培训培养认证基地，不断提升专业建设水平，与企业共同打造出全球领先的培训认证平台及证书制度。大华股份

与浙江警官职业学院初步形成产学研一体化深度合作、互动双赢的校企联合体的架构和意向，产业学院的成立为双方的合作确立了一个载体和平台，其以资源共享与合作共赢为目标，依托浙江安防的发展以及全球安防需求，服务于大华股份的全球布局。学校通过产业学院的建设，建立人才培训培养认证基地，不断提升专业建设水平，促进学生综合素质和职业能力的培养，提高学生的就业竞争力。企业通过校企深入合作平台，依靠浙江警官职业学院的教育教学优势，为企业培养更多的研究型和实用型的人才，促进企业更快发展。产业学院的建立，双方进一步扩大合作，积极探索产学研结合的新路子，积极探讨人才培养的新方法，共同提高服务经济社会发展的能力。

二、校企全员参与，多层次、多角度、深层次的交流合作

在多年校企合作过程中，公司和学校领导高度重视和大力支持，浙江警官职业学院分管教学工作的副院长大力推动项目的建设，大华股份副总裁任我校安全防范技术专业教学指导委员会主任委员，多年来一直参与专业教学、培训和教学指导工作。校企合作不单是专业负责人的事情，更需要一线专业课老师、企业技能专家能手参与其中，他们才是一线面对学生、面对新员工的师傅，对如何更深、更广范围地进行校企合作有绝对的发言权。因此，公司和学校的全球培训认证中心总监和系部主任、司法文教卫总监、培训认证部资深技术培训工程师、我校优秀校友和专业骨干教师之间建立了密切广泛的联系（图2），可以就双方合作中的协同育人、实验场地建设、教学资源建设等工作进行交流和合作（图3），不断发现新的需求点和合作点。学校也出台了激励政策，鼓励教师积极参与合作，并主动寻找横向合作项目。这样既可以提高教师参与校企合作的积极性，更能为校企合作提供新思路、新视角、新办法。

图2　校企多层次多角度交流沟通　　　图3　专业教师到企业调研座谈

三、根植行业共建实训室，细化合作点，协同育人

安防科技的进步、技术的创新均以人才为中心。一方面，对于安防技术专业来讲，人才培养是专业建设的固有本质属性之一；另一方面，对企业来说，合适的人才是企业成败的关键。从国家示范专业建设期起，大华股份就一直在和浙江警官职业学院共建安装、调试实训室（图4）。

图4　校企双方互认授牌（共建安装、调试实训室）

主要合作有以下几个方面。

1. 多种校企合作切入点，锻炼学生技能

根据安全防范技术人才培养目标，培养掌握安全防范技术专业知识和技术技能、面向工程技术与设计服务行业的安全工程技术人员职业群，能够从事安全防范工程售前、售中和售后技术支持工作的高素质技术技能人才。这类技术人才需要掌握安防设备安装与系统调试能力。通过校企共建的安全防范技术设备安装与系统调试实训室（图5），打通安全防范技术专业和大华股份之间的合作与交流通道，以共建实训室为载体，形成了修订人才培养方案、实训项目开发、实训设备共享、实训项目开设等一些典型的合作模式，具有较大的意义。

图 5　实训室现场照片

2. 协同育人，培训企业员工技能

共建实训室协同育人，以学生职业能力的培养和企业员工素质的提高为目标，搭建起实战化、实景化的实践教学环境，促使学生养成良好的职业习惯，锻炼专业技能和培养职业技能，为更好地服务企业做准备。此外，我们尊重人才成长规律，充分发挥各自在人才培养上的主观能动性，为企业的进一步发展提供强有力的人才储备。与此同时，着眼于企业在职员工的成长需要，鼓励高校教师有针对性地开设培训课程，改革教学内容和教学方法，提高职工的整体素质和技术水平，为企业发展注入活力。（培训现场如图6所示）。

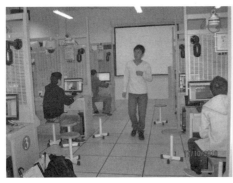

图6 浙江大华技术股份有限公司经销商培训现场

校企人才共育，共建实训室必须准确把握人才培养基本需求，在人才培养方案的制订、实验项目的开设、培训项目开发等方面均取得较好的合作成果。

四、建设生产性实训基地，深化现代学徒制

浙江警官职业学院与大华股份合作，共建产教融合"智能安防检测检修中心"生产性实训基地（以下简称"中心"）。服务于接下来的订单式培养和现代学徒制培养。

1. 推动校企深度合作是培养高素质安防技术技能人才的内在要求

2019年，学校与大华股份签订全面战略合作协议，该"中心"的建设，是推进全面战略合作关系具体项目的实施。产教融合生产性实训基地是在校企合作的基础上，通过学校教育教学过程与企业生产过程的对接，将企业的理念、文化、技术、标准、资源整合到学校的人才培养方案、课程教学、实训实习以及师资队伍建设中，提高人才培养质量和社会服务能力（表1）。因此，打造以培养高素质安防技术技能人才为重点，具有完备实践教学体系的产教融合型生产性实践教学基地，对促进安防职业教育改革发展，具有十分重要的现实意义。

表1　校企合作分阶段协同育人

阶段	学期	学习内容		管理评价
		理论知识	实践技能	
学徒初级	第4学期暑假和第5学期	单一产品线的焊接、检测、维修基础知识	焊接、检测、维修基本技能	校企结合
企业实习生	第5、6学期	多条产品线的焊接、检测、维修专业知识	焊接、检测、维修专门技能	校企结合
企业准员工	第6学期已签就业协议	复杂产品的检测、维修综合知识	焊接、检测、维修综合技能	校企结合

2. 促进"专""企"一体发展是实现专业和企业共建共享共赢的根本路径

产教融合意义下的专业对接是企业统一性要求,教学采用企业标准;实训、实习强调在真实的工作环境中实干、真做,从而成为教学计划的有机组成部分;学生学业水平的评定以企业标准为主要依据,企业在技术技能人才培养和人力资源开发中发挥重要的主体作用。与大华股份龙头企业共建兼具生产、技能教学功能的产教融合智能安防检测检修中心生产性实训基地,实现双方在任务、资产、资金、人才、制度等方面的深度融合,有助于实现"中心"基地的交融性和稳定性,同时又具有较强的技术革新、制度创新和理论转化能力,达到优势互补、资源共享、发展共赢的目的,提升基地规范化、科学化管理水平,提高基地对安防技术专业人才培养工作的支撑能力。

3. 推进"双高计划"建设是打造高水平产教融合安防实训基地建设的重要基点

建设省级(国家级)高水平产教融合安防实训基地,列入学校"双高计划"建设方案。共建智能安防检测检修中心产教融合生产性实训基地，有助于学校申报省级或国家级产教融合安防实训基地，进一步提升安防实训的产教融合度，优化安防实训体系的建设项目安排。

通过"中心"的建设与运行，推进现代学徒制教育教学模式改革，探索"学徒"招录、培养、实习、考核、就业的一体式订单化培养模式（图7），打造高水平专业化产教融合职业教育实训基地。

图7　理论及操作技能培训现场

五、经验与启示

浙江警官职业学院与大华股份的校企合作从接纳学生就业开始，共建实训基地是其良好发展态势的开端，生产性安装、调试实训室的建设是多年合作的飞跃。在合作中硬件是基础，人才是核心，制度是保障。接下来双方在生产性安装、调试实训室的运营、校内实践场所的教学服务、教学资源建设、学生优质就业等方面都有巨大的合作空间。

校企双方首先需要尊重实训室的主体地位，转换管理思路，变管理为服务，激发工作活力；同时，实训基地管理主体也必须明确，通过合理组织结构体系的建立，做好"顶层设计"的基础，落实具体责任，将学生生产性实训转化为校内学分的机制及对应关系，现代学徒制具体针对性的实施方案等内容都需要"顶层设计"及规划。其次,校企双方应该为实训基地创造良好的场地环境,减少外界干扰。最后,在考核指标的确定上,要注意柔性指标与刚性标准相结合,综合考虑各方的工作内容,确定工作量计算办法。此外,在制度制定过程中,要充分征求实训基地成员的意见,打造良好的软环境;同时,在制度运行过程中,也应及时跟踪、反馈实施效果,对于不合理、不恰当的部分,及时予以修正。

上述合作模式在各自的实践中都取得了较好的效果,尤其是平台搭建、共育载体实训基地和现代学徒制方面获得了长足的进步,但在育人、研究、成果转化全面发展上还存在着一些制约,缺乏体制机制建设和持续健康发展的动力。校企合作时,人才培养方案在不断试探和摸索中完善,但与企业的要求仍有较大的差距。人才培养方案与企业用人标准应尽可能契合等要求,都需要在接下来的合作中继续努力,探索提升。

通过近年来专业建设工作的不断推进,浙江警官职业学院安全防范技术专业取得了一定的成绩,但是发展中存在的问题也比较突出。比如,具有行业背景经历的兼职教师与校内骨干教师的深入合作;在物联网、人工智能、大数据技术等新技术应用的条件下专业教师还需要转型和提升,核心课程教学内容还需要改进、拓展,行业合作广度和深度待提高;等等。下一步,学校将完善订单招生事项,校企深度合作,加强协同共育,深入"三教"改革,在将1+X证书制度融入人才培养等方面进一步加深合作和融合。

四方联动新模式　联盟平台促成才

——共建四川安防职业教育联盟，助推安防专业教学改革的探索与实践[①]

一、学院简介

四川司法警官职业学院（以下简称学院）始建于 1982 年，位于成都半小时经济圈、国家园林城市、古蜀之源重装之都——四川省德阳市。规划新校址占地 702.8 亩，区位优越，交通便利，环境优美。

学院是四川省唯一一所公办政法类全日制普通高等学校，省级示范性高职院校，全国政法干警招录培养体制改革试点院校，国家高等职业教育综合改革试验区重点项目"德阳职教服务区域社会管理创新示范工程"牵头建设单位，全省司法行政系统"后备人才培养基地、干警教育培训基地、理论和实务研究基地"，司法部藏汉双语培训基地，四川省司法警察训练总队、四川省司法厅党委党校、四川律师学院等都建在学院。此外，学院还分别依托行业和企业，建有四川司法职业教育基地（金盾学院）和四川安防职业教育联盟两个合作办学平台。

---

① 本案例被评为全国安防职业教育联盟"产教融合·校企合作"典型案例二等奖。作者：余训锋，四川司法警官职业学院安防专业负责人，副教授。主要研究方向为智慧监狱、高等职业教育。敖天翔，四川司法警官职业学院安防教研室教师，助教。主要研究方向为监狱安防技术、高等职业教育。

建校至今，学院已为西南地区政法系统及社会各界培养了数万名优秀人才，学院毕业生凭借其过硬的思想素质、扎实的专业知识、娴熟的专业技能、较强的适应能力广受社会和用人单位的欢迎和好评，大批校友成长为政法系统的领导干部和业务骨干，被社会上誉为"警官的摇篮"。

二、联盟简介

2012年4月20日，在政府主导下，学院联合行业协会、安防企业和科研院所，牵头成立了四川省安防职业教育联盟（以下简称联盟），该联盟是全国首个非营利性安防职业教育联盟（图1）。目前，联盟有成员上百家，包括省市技防办、安防协会、省通信学会、省商贸、省邮电校、省电子质量检测中心、海康威视、大华、宇视、北京富盛、上海塞嘉、深圳西德、成都亚光、中英锐达、理想科技、九洲视讯、中国通信服务德阳分公司等。依托联盟，各成员单位纷纷与学院建立了战略合作关系。

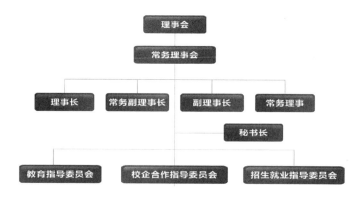

图 1　四川安防职业教育联盟组织机构图

三、专业（群）简介

学院建立专业预警和动态调整机制，厘清专业组群逻辑，将现设 12 个专业整合为刑事执行、法律事务、安全防范 3 个专业群。重点打造"警"字特色的刑事执行专业群，使之成为省级高水平专业群；打造"法"字特色的法律事务专业群和"安"字特色的安全防范技术专业群，使之成为院级骨干专业群。同时，以需求为导向，适时增设法律文秘、司法鉴定、戒毒矫治等行业急需专业和适应经济社会发展的相关专业（图 2）。

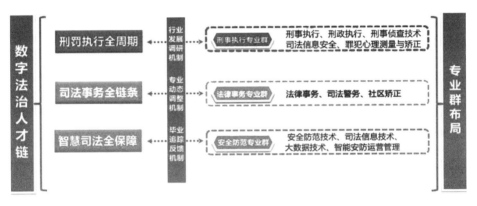

图 2　专业群和人才链对接示意图

2005 年，学院设置了安全防范技术专业，是西部地区首个设置安防专业的高校（省内唯一），现为四川省省级重点（特色）专业。该专业先后通过四川省高等教育"质量工程"专业综合改革试验项目、省级示范校财政重点支持建设专业项目、创新发展行动计划生产线实训基地建设项目的合格验收。该专业致力于培养德智体美劳全面发展的人才，培养的是需要熟悉我国安全防范行业相关政策、法规与标准，能够掌握安全防范技术专业知识和技术技能，可以从事公安、监狱等政法单位的安防信息化系统运维与管理岗位工作和安防企业的技术支持、工程实施、方案设计、项目管理等岗位工作的高素质技术技能的人才。《四川日报》、人民网、四川新闻网、凤凰网、中国现代职业教育网等媒体纷纷报道了安防专业的建设成果。

四、校企合作情况

（一）优化体系，提升条件

学院通过校企合作共建方式不断完善专业教学设施。

校内，学院构建"8311"实践教学体系，现建有 8 室 3 中心 1 厂 1 基地。具体如下："8 室"分为安防基础电路实验室（含电路基础、模电、数电）、单片机应用技术实验室 2 个专业基础实验室和安防工程制图实训室、安防技术综合实训室、视频监控与警用图像侦查实训室、安防工程设计与检测实训室、安防综合布线实训室、安防设备维护维修实训室 6 个专业技能实训室。"3 中心"分别是安防职教联盟继续教育中心、职业技能鉴定中心、创新创业中心（学院创新创业俱乐部）。另外，校企共建了校内实训车间安防电子产品设计与制作实训室（校中厂）、四川省高职院校创新发展行动计划项目安全防范系统生产性实训基地（大华股份驻德阳市办事处设在学院基地内）（见图 3）。

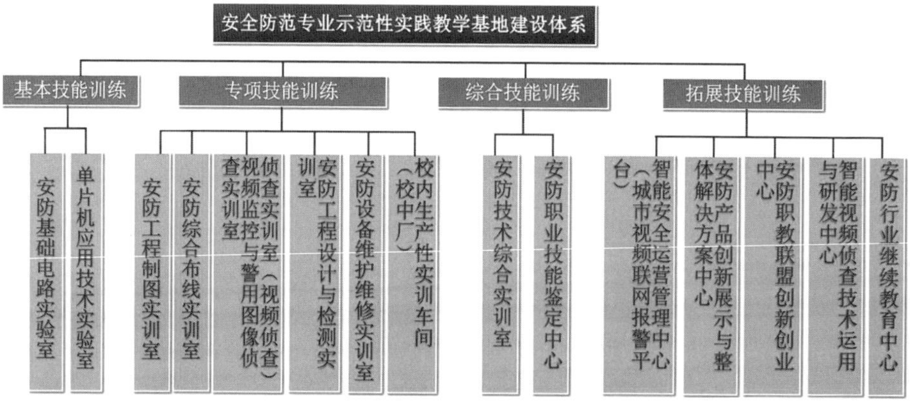

图 3　安防专业校内实践教学基地建设体系

校外，六大"集群式"校外实习实训基地。近年来，依托成都铁路公安处、重庆铁路公安处、邛崃市公安局、德阳市公安局、什邡市公安局、乐山市公安局中区分局、锦江监狱、川北监狱、绵阳监狱、杭州海康威视数字技术股份有限公司成都分公司、浙江大华技术股份有限公司成都办事处、浙江宇视科技有限公司成都办事处及宜宾、泸州、乐山等地市安防协会，成都理想科技开发有限公司、四川君国信息技术有限公司，北京富盛科技股份有限公司等单位，分别成立了春运安保执勤、公安技防应用、监狱技防应用、安防技术与工程、视频联网报警、安防系统运维等六大布局合理、功能完善、专业对口、各有侧重的"集群式"校外实习实训基地。这六大"集群式"校外实习实训基地的成立，为进一步深化校企合作、产教融合，进而很好达成该专业人才培养的目标与规格，提供了坚强的校外实践教学环境保障。

在"四位一体"（教学科研、行业培训、职业鉴定、学生创业于一体）的示范性实践教学基地建设思想的指导下，依托项目建设，实践教学条件得到显著改善。据统计，目前实习实训在教学中的比重达到69.2%，逐步形成校内外资源充分整合、功能完备的安防产业链实践教学体系，实现教学过程与工作过程的无缝对接、教育链与产业链的有机融合，突出学生职业技能和职业精神培养，着力于新时代工匠精神的培育。

（二）强化合作，聚焦实践

了解企业需求，校企合作，开发特色教育资源，优化教师队伍结构、管理制度。教学过程中，将理论与实践结合，校内学习与校外锻炼结合，递进性进行系统教学。在制度层面，建立了一整套成体系的"产教融合、校企合作"工作方案，邀请安防职教联盟企业专家与项目组相关人员对方案进行充分论证。企业专家针对学校实际情况，对建设方案提出了合理建议。在组织层面，除校企（局）之间有领导小组外，系部也建立了相应的工作组，成员包括中队和教研室，具体负责学员日常管理、教学监督考核和对外沟通协调等工作。课程内容与职业标准对接，强化教学过程的实践性、开放性和职业性，校企联合组织实训，为校内实训提供真实的岗位训练、营造职场氛围和企业文化，在实践教学方案设计与实施、指导教师配备、协同管理等方面与企业密切合作，大力开展"产教融合、校企合作"特色教材开发和以"一联盟""两题库""十二室"（即安防职教联盟网站，

安防专业题库、安装维护员题库，十二个特色实训室）为重点的教学资源建设。（另见图4、图5、图6、图7、图8）

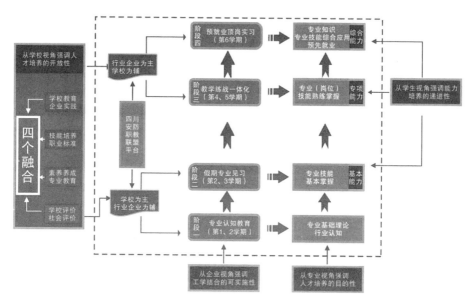

图4 "职教联盟四方联动、工学交替4434"人才培养路径

图5 校企共商专业人才培养方案

图6 校企共同制定课程标准体系

（三）深耕行业，共创未来

创建校企合作新机制。根据我校的实际情况和市场的介入程度，学院采取局部性市场化运作模式，即建立区域性的、兼具生产和教学功能的、公共实训基地的模式，构建安防专业的实践教学体系，实现教育链与产业

图 7　联盟兼职教师座谈会　　　　图 8　安防职教联盟理事大会

链深度融合，实现对学生的系统培养。2018 年，学院按照"资源互换，优势互补，责任同担，成果共享"的原则与大华技术股份有限公司（以下简称大华股份）合作共建生产性实训基地。学校免费提供场地，大华股份投入 100 余万元的设备参与共建，并首次将"浙江大华驻德阳办事处"设在学院。借助校企合作共建基地的桥梁和纽带，推动专业建设与发展，为学生实习与就业提供更为广阔的平台。（另见图 9、图 10、图 11。）

图 9　校企共建实训基地　　　　图 10　人民日报社报道学院安防专业
（办事处设在基地）　　　　　　　　　深化产教融合

2019 年，学院和四川君国信息技术有限公司（由学院毕业生 2014 年创办，以下简称君国公司）达成协议，在视频监控实训室的基础上，由君国公司投入约 150 万元建设中心平台、购买网络传输设备，共建德阳市视频联网报警运营平台（图 12）。为在校生提供了平台管理、系统值守、产品安装、设备巡检、市场营销等实习实训岗位。（详见表 1。）

图 11　安防联盟创新创业中心　　　图 12　德阳市视频联网报警服务中心

表 1　合作企业君国信息公司提供实习实训岗位清单

序号	岗位名称	数量	岗位描述
1	中心管理人员	1~2人	负责中心平台运营协调管理，联网平台设备维护保养
2	接警员	4~8人	负责终端设备管理，实时在线监测监控，布/撤防信息处理，实时处理终端设备报警信息及实时反馈、排除警情，故障设备及时派单，新用户资料注册，在线测试，开通服务，负责回复用户的业务咨询及反馈
4	工程人员	6~10人	负责为联网用户提供现场勘测方案设计，终端设备的安装调试，在线测试开通
5	紧急维护人员	2~4人	负责处理平台联网用户终端设备故障，及时排除，保证设备正常工作
6	售后服务	3~5人	负责联网用户跟踪回访，业务咨询，提供技术支撑及优化解决方案
7	设备巡检人员	2~4人	负责终端设备巡检，实时在线测试布/撤防信息，及时处理终端设备故障，保证设备正常工作

五、探索融合之路

（一）积极融入行业建平台

一直以来，学院不断融入行业，与省内众多安防企业沟通交流，学院领导带领学生参加安防展览，参加行业会议，邀请专家来校讲座，推动四川安防行业发展，积极提升学院在四川安防行业的影响力。由学院发起成立的联盟，以利益为杠杆、以互惠共赢为原则、以各自承担相应责任为基础，将政府、行业、企业、院校四方联动起来，形成教育需求信息的汇集平台、教育合作机会的发现平台、教育资源配置的优化平台、教育模式探索的创新平台和教育成果服务的共享平台。

在四川省安防协会剥离公安厅官办协会的背景下，2016 年，四川省社会公共安全设备及器材制造行业协会（以下简称"协会"）成立。协会创立之初，学院便积极参与，推动行业协会成立。学院专业老师加入协会专家委员会，参与协会规则制定、标准讨论，积极推动协会发展壮大。2019 年，在学院设立了四川省安防工程企业能力等级评价德阳分中心，学院被协会评为四川社会公共安全特别贡献单位，2 名教师先后被评为"先进个人"。协会的聚集作用加强了学院与行业之间的联系，深化了校、协合作。（另见图 13～图 16。）

图 13　安防职教联盟理事大会

图 14　校协合作暨设备捐赠仪式

图 15　安防职教联盟官方网站

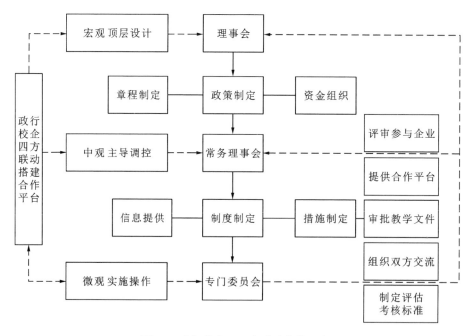

图 16　政行校企，四方联动合作平台

（二）主动服务社会，共发展

在谋求自身发展的同时，学院勇于担当，竭尽所能，承担更多的社会责任，推动行业发展。校企合作共建四川省安防职业教育联盟，积极推动四川安防行业健康可持续发展。校企合作推动学生创新创业工作，孵化优秀毕业生成功创业，深度合作互利共赢。学院进行安全防范系统安装维护员题库建设，与浙江宇视科技有限公司共建安防职业技能鉴定中心，并承担了浙江宇视科技有限公司省内渠道商合作伙伴监控工程师认证培训项目，为行业培训员工并颁发职业资格证书。（另见图17、图18。）

图17 "宇视安防技术学院"签约仪式 **图18 校企合作宇视认证工程师培训**

学院安防专业主动作为，深度融入全省安防产业的转型发展和行业的管理。作为省安协常务理事单位和10家筹备组成员之一，学院积极参与全省安协重组重建工作，受行业主管机关委托，负责起草《四川省安防工程企业能力等级评定管理办法》。

在联盟单位的配合下，安防专业师生连续多年参加四川省部分考点的高考电子巡查系统的视频监考技术支持工作，参与并完成了巴中、达州、广安等地的高考标准化考场的设备维护、故障排查、运行保障等工作（图19）。

安防专业教师积极回应监狱系统实际应用需求，合作开发"基于VPDN隧道通信加密的快速布防视频监控系统"，适用于监狱系统的车辆押运、医院就诊、住院治疗等3个环节的实时监控，服务于监管工作。该系统已经申报国家实用新型专利，并应用在川北、绵阳、嘉州、雷马屏、眉州、宜宾等地监狱，取得了良好效果（图20。）

图 19　师生参与四川高考电子巡考　　　图 20　与监狱合作开发监狱快速布
　　　监控保障工作　　　　　　　　　　　　防视频监控系统

为提升安防行业从业人员职业素质和技能，提高安防工程质量，促进行业健康有序发展，依托联盟平台，学院开展了职业培训与技能鉴定。近年来，学院安防专业为全省安防行业培训从业人员 5000 余人。学院与遂宁市总工会签订了合作协议书培训安防技能专门人才。（见图 21。）

图 21　为下岗工人、进城农民和行业人员进行安防职业技能培训

（三）加强实战教学，练精兵

以教学为本，以实战练兵。学院广泛联系企业，紧贴行业发展，利用行业资源培养学生。学院与联盟成员签订战略合作协议，为学生提供短期外出的工学交替活动或顶岗实习机会。学生在真实环境中完成现场勘查、

系统设计、综合布线施工工程、设备安装与调试、设备维护等工作。以项目化工作思路和管理方法实践校企合作项目运作模式，以企业实际工程项目为载体，学生参与安防工程，增强专业核心技能的培养。同时，利用部分经过一轮或二轮参与项目的同学传帮带作用，指导参加新一轮实训的同学，形成良性循环（图22）。

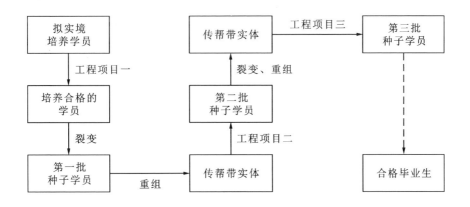

图22　工程项目实境传帮带滚动培养流程示意图

在援建"英雄故乡"中江县继光镇蓝剑希望小学等3所学校校园网络视频监控系统的项目实施过程中，安防专业的同学利用课余时间在"校中厂"组装摄像头。周末，教师带领15名同学利用休息时间完成对现场施工环境的勘查、方案设计、工程图纸绘制等前期工作。寒假期间，教师和同学们又完成了综合布线、前端设备安装调试、监控中心设备安装等工程。这几个环节贯穿安防产业的整个链条，将工作与学习融为一体，"学中做，做中学"，学生在多种工作岗位中得到充分锻炼，也起到了课程思政的效果。安防专业师生寒假期间援建希望小学校园网络视频监控系统，助力"平安校园"建设，受到学校师生、家长、当地政府和人民群众的广泛赞誉，德阳电视台报道了学院师生利用专业服务社会的先进事迹。（另见图23、图24，表2。）

图 23　安防专业师生寒假期间援建希望小学"平安校园"网络视频监控系统

表 2　学生参与工程项目工学交替活动情况一览表

地点	合作单位	工作内容
巴中市	教育局、成都佳发安泰科技有限公司	高考电子考场监控技术支持
德阳市郊区	成都兴德实业有限公司	线缆铺设，看守所监控安装
中江县	继光镇中心学校	网络监控系统设计、安装、调试
达州市、广安市	教育局、成都佳发安泰科技有限公司	高考电子考场监控技术支持
罗江区	睿杨科技有限公司	周界报警系统安装
成都市	成都兴威航网络科技有限公司	小区监控系统安装
德阳市区	四川君国信息技术有限公司	联网报警平台运营安装、调试
成都市	成都兴威航网络科技有限公司	弱电系统综合布线工程

（四）深化创新创业助成长

安防专业注重创新创业教育的改革探索，激发学生创新精神和创业意识，完善学校创新创业资源、平台，并为学生创业提供便利条件。2015年，安防专业毕业生贾林团队的"智慧云管家"项目参加全国首届"互联网＋"创新创业大赛，获得铜奖，依托该获奖项目，经过学院创新创业中

图 24　援建希望小学校园网络视频监控系统项目实施流程

心孵化，成功注册四川君国信息技术有限公司并正常投入运营。目前，公司现有员工 20 余人，年产值逾 500 万元，接入的社区、商铺及企事业单位超过 2000 家，应用前景良好。（另见图 25。）

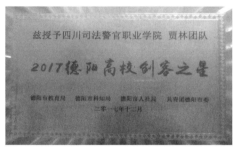

图 25　安防专业学生荣获 2017 德阳高校创客之星

君国公司为学院成功孵化的安防企业，在校企合作中逐渐成长起来。君国公司利用学院的设备、场地来降低生产成本，并长期提供专业设备，有针对性地进行学生实践操作培训，培养学生实际动手能力和社会实践能力。学校通过场地投入和技术指导来降低教育成本，共建视频联网报警运营平台作为日常教学场所。君国公司提供学生实训岗位，以及一定数量的周末、假期学生实习岗位，相关专业学生全程参与管理和运营，市场营销、系统安装调试、系统运行维护、平台值守运营维护、巡逻、售后服务等。派遣经验丰富的现场技术人员全程指导学生实习实训工作，并进行安全培训，使学生逐步具有实践操作经验，对实际运营流程、专业设备安装调试，以及安全防范现场设计施工方式和理念等都有了一个全面的认识。学生在教学过程中能接触真实的工作环境，通过勤工俭学等方式实现学生提前进入行业领域，在学校学习专业的基础知识和技能，然后定期在企业接受职业技能和工作技能的培训。将校企合作融入日常教学与企业运营的各个方面，实现学校、企业、学生的互利共赢。

学院在校企合作推动学生创新创业工作中，探索出了一条"1334"的创新创业工作模式（图 26），总结起来就是"1 个平台、3 个中心、3 个委员会，4 步创业实施过程"。创业基础、创业课程、创业实践、创业指导支撑创新创业工作的实施过程，并围绕学生大学三年的学习生涯规划来展开。

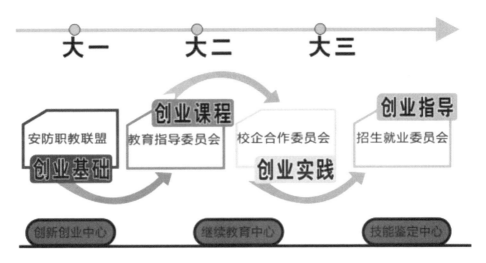

图 26　"1334"的创新创业工作模式

　　在这种创新创业工作模式下，安防专业学生自主创业成立公司达到 7 家。学生自主创业企业在获得盈利后又反哺学校，学校把这部分资金专门设立为"创新创业基金"，用于学生自主创业的资金扶持。例如学院 2015 届安全防范技术专业毕业生王东保，通过学院几年创业模式的培养，在学院创业基金的支持下，毕业当年即创办了四川兴威航网络科技有限公司（图 27），主营安防工程相关业务，运营情况良好。

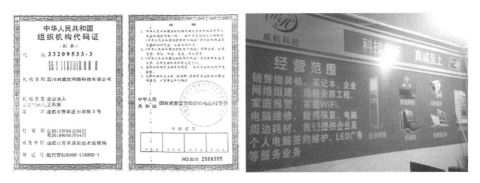

图 27　毕业生王东保创办的安防公司

六、道阻且长，不停求索

学院虽然在产教融合、校企合作方面做了大量工作，也取得了一定成绩。但是产业在不断升级，教学还需不断革新。校企合作在探索过程中也暴露了大量问题。产教融合校企合作之路，道阻且长。

（一）完善机制建设

产教融合校企合作如何有效持续下去，关键在于机制建设。应建立并完善管理制度，促进校企合作工作顺利推进，确保创新模式能被有力地执行，构建的新型理念能被有效贯彻，搭建的众多平台能被有效利用，使建设成果能真正起到示范、引领和辐射带动的作用。

（二）深化合作维度

充分利用四川安防职教联盟平台，加大校企合作的深度和广度，整合各方资源，切实为安全防范技术专业人才培养提供服务。以"四川安防职教联盟"为平台，深化校企合作，内引外联，提升社会培训、科技开发、技术服务、技能鉴定的能力，拓宽社会服务的项目，提升社会服务的档次，产教融合，为提高区域安防产业的综合竞争力提供支撑。

（三）加大师资培养力度

学院校企合作项目还缺乏专业指导，项目合作方式仅靠教师个人经验，对企业运行和项目运行缺乏感受能力和管理经验，对企业内在需求了解不足。因此，要继续加大对专兼职教师的培训培养力度，提高职业素质、强化职业意识，尤其要提高专业教师到行业企业一线锻炼的频次，充分发挥其专业实践能力，更好地实现产教融合服务。

（四）建立友好关系

良好的校企合作关系基于双方都存在相同的经济利益。在长期缺乏合作项目经济往来的情况下，再好的合作关系也难以维系。本质上，学校与企业之间的目标是不同的，学校以育人为主，企业以营利为上，双方在核心利益点的不同，促成了合作，也导致了分歧。大多数校企合作项目虎头蛇尾，难以长存。特别是在新冠肺炎疫情期间，企业利润有限，合作需求锐减，学校要在合作企业困难时，伸出援助之手，在法律允许的范围内，按照合作协议，尽所能为企业分忧解难，共渡难关。

安全防范技术专业校企合作"混编"师资队伍建设的实践

——武汉警官职业学院产教融合·校企合作典型案例[①]

一、学校简介

武汉警官职业学院是经湖北省人民政府批准、教育部备案的省属全日制公办普通高等学校。建校 40 年来为国家培养了 10 多万名政法类专门人才。学校是全国政法干警招录培养体制改革试点院校、教育部"1＋X"证书制度首批试点院校、教育部"ICT 行业创新基地"首批合作院校、湖北省人民政府服务外包人才培养（训）基地、湖北省高校党建工作试点院校、湖北省教育援疆对口培养院校。是教育部选定的国家级优质院校创建单位。多次被评为省级文明单位、平安校园。

学校占地面积 408 亩，总建筑面积 193325 平方米，教学科研仪器设

① 本案例被评为全国安防职业教育联盟"产教融合·校企合作"典型案例二等奖。作者：余莉琪，武汉警官职业学院高级工程师，专业方向为智慧监狱安防技术应用、安防工程法律法规体系、工程造价、工程管理；王珏，武汉警官职业学院教务处负责人，专业方向为安防法律法规体系构建；黄超民，武汉悠锋科技有限公司总经理，专业方向为电子与智能化系统集成、计算机软件技术；周波，武汉警官职业学院专职讲师，专业方向为项目管理、安防技术应用、建筑技术；程静，武汉警官职业学院，专业方向为计算机网络、综合布线；赵毅，武汉悠锋科技有限公司项目经理，专业方向为安防网络技术、智能楼宇应用、安防工程项目管理、监狱安防系统运维；王晶，武汉悠锋科技有限公司副总经理，专业方向为安防设计、市场营销、智能楼宇技术。

备总值 5222 万元。学校建有安全防范技术国家级实训基地、社区矫正省级实训基地、司法信息化 ICT 实训基地及文书司法鉴定、法医物证（DNA）鉴定、视频行为分析鉴定、光接入实训室、4G/5G 通信实训室等校内实践基地 46 个；校外实习实训基地 189 个；纸质图书 40 余万册；智能化教室 109 间。在司法信息化、安全防范技术、应急救援等领域走在国内同类院校前列。

学校内设警察管理系、司法侦查系、司法管理系、信息工程系、公共管理系、基础课部、思政课部、警体部等教学科研单位。开设 23 个专业，其中国家骨干专业 1 个，中央财政支持专业 2 个，司法类国家控制专业 7 个（含已纳入司法行政机关人民警察招录范围的司法行政警察类专业 5 个），湖北省特色专业 5 个。现有专任教师 197 人，其中教授、副教授以上职称教师 64 人，硕士以上学位教师 93 人，双师型教师 108 人。学校主编、参编司法部规划教材 20 多部；在核心期刊发表论文 300 多篇；出版各类著作数十部。

二、系部专业（群）简介

武汉警官职业学院信息工程系是培养适应行业、社会需求的信息技术类人才为主的系部。恪守"以就业为导向、以能力为本位"的办学方针，按"产教融合、校企合作、工学交替"的模式培养适应市场需求的技术技能型人才。近年来，信息工程系积极开展职业教育改革探索，申报建设了国家级教育部 ICT 行业创新基地，与华晟经世科技有限公司、浙江宇视科技有限公司、湖北省安防协会、武汉安防协会等进行了深度合作，按职业岗位需求制订人才培养计划并实施，为社会第一线培养大批高素质毕业生。

目前，信息工程系已建设安全防范技术专业群，以安全防范技术省级特色专业为核心，含物联网应用技术、信息安全与管理、司法信息安全、消防工程技术、计算机软件技术、计算机网络技术等专业。随着人工智能、大数据、云计算、物联网技术的快速发展，安防类产品已经进入各个领域，市场对安防行业的需求已提升到"大安防"时代，对技术人才的培养提出了更高的需求，迫切需要形成一个良性的专业生态链与行业产业链对接的局面，基于此，学校对接市场已初步形成了"大安防"教育培训格局。

信息工程系安全防范技术专业群师资力量雄厚、师资结构合理，拥有一批基础理论扎实、富有创新精神、掌握现代科学技术的专职教师队伍，并建设有校企混编的双师型教师团队，素质优良，教学严谨，管理有方，教育教学特色鲜明。现有专任教师25人，副教授8人，讲师12人，专职学管人员7人，助教及其他5人，国家注册一级建造师1人，国家注册二级建造师3人，国家注册造价员2人。

信息工程系具备优良的教学实训条件，以安防综合实训室为主体，建设了安防综合布线实训室、安防工程制图实训室、消防实训室、安防视频监控实训室、电子电工实训室、大规模监控实训室等，并配置了光纤融合机、物联网实训箱等先进设备。同时，拥有标准的计算机实训中心、设备价值千万元的行业领先的国家级通信技术实训室、国家级中央财政支持安全防范技术专业实训基地。

信息工程系积极开展职业教育改革探索，申报建设了国家级（教育部）ICT行业创新基地，与中兴通讯股份有限公司、清华大学继续教育学院下属清华IT培训中心和浙江宇视科技有限公司、湖北省安防协会等进行了校企协作，校企合作专业培养目标明确，专业建设和实践教学与企业行业联系密切，按岗位职业需求制定人才培养计划，按企业"订单"定制人才培养方案，直接为社会一线培养高素质技能型实用人才，确保了毕业生"零距离"就业上岗。

三、专业（群）开展"产教融合·校企合作"整体情况

安全防范技术专业为湖北省高职类特色专业，安全防范技术专业"产教融合·校企合作"具体分为三个方面。

（1）与湖北省安全技术防范行业协会合作，作为常务副会长单位，荣获"安全专业人才培育基地"称号。学校与湖北省安全技术防范行业协会签署"校协合作备忘录"，开展"视频监控系统安装和运行""入侵报警系统安装和运行"专项能力考核培训，承办湖北省"湖北工匠"安防职业技能大赛等事宜，该竞赛已成功举办两届。（另见图1、图2。）

图1   图2

（2）与安防系统集成企业合作。学校与武汉海辰友邦科技发展有限公司、深圳英特安防实业有限公司武汉分公司、武汉悠锋科技有限公司等30家系统集成企业的17名一线专家组成专业建设指导委员会，开展专业共建，引入2家企业设立奖学金，保证了校企合作共同制订人才培养方案、共同实施人才培养、聘请企业技能名师、建设学生实习实训基地，共同建设教学资源，共同承接产业服务等工作（图3、图4）。

（3）与安防产品生产研发企业合作。例如学校与浙江宇视科技有限公司武汉分公司、浙江大华技术股份有限公司等单位，开展师资培养、学习实习实训、学生竞赛培训等合作（图5、图6）。

四、校企合作项目举例

项目名称：安全防范技术专业校企合作"混编"师资队伍建设实践。

项目内容：经过近五年的探索与实践，我们学校安全防范技术专业以专业带头人余莉琪为核心，积极进行了校企合作"混编型"师资队伍建设的探索与实践。

图 3   图 4

图 5   图 6

五、合作方介绍

武汉悠锋科技有限公司在总经理黄超民的率领下取得的资质如下：消防设施工程专业承包二级资质，电子与智能化工程专业承包二级资质，建筑机电安装工程专业承包三级资质，城市及道路照明工程专业承包三级资质，安防工程企业设计施工维护能力证书（壹级），ITSS 信息技术服务运行维护标准三级，3A 信用企业、重合同守信用企业认证证书，环境管理体系、质量管理、职业健康管理体系认证证书，等等。公司近几年在安防行业取得了骄人的成绩，总经理黄超民获第三届中国安防新锐人物奖。

六、合作过程、内容

（一）组织结构

学校有专业带头人1名，骨干教师4名，长聘教师1名，引进武汉悠锋科技有限公司技能名师兼高级工程师1名、项目经理2名。学校积极发展"双师型"专业教师团队，构建了一支包括"老总、总工、能工巧匠"在内的兼职教师队伍。

目前，安防专业教学团队共有教师9人，基本情况见表1。

表1　专业教学团队一览表

序号	姓名	性别	出生年月	学历	专业技术职务	担任所在单位职务	性质
1	余莉琪	女	1973-09	双本科，硕士	高级工程师	学科带头人	校内专职
2	罗羽君	女	1966-07	本科	副教授	行政兼职	校内兼职
3	刘立男	男	1983-05	硕士	助教	行政兼职	校内兼职
4	程静	女	1977-08	本科	讲师	行政兼职	校内兼职
5	张盈	女	1982-05	硕士	讲师	行政兼职	校内兼职
6	周波	男	1978-10	本科	工程师	骨干教师	长聘专职
7	黄超民	男	1983-05	本科	高级工程师	总经理	外聘兼职
8	赵毅	男	1992-11	本科	实训室管理员	项目经理	外聘兼职
9	王晶	女	1994-03	本科	实训室管理员	副总经理	外聘兼职

从表 1 中可以看出，学校专职教师数量严重不足，力量薄弱，年龄偏大，动手能力不强，创新创业素质不高。为此，学校与武汉悠锋科技有限公司进行了近 5 年的合作，形成了稳定的合作关系。校内专职教师余莉琪、周波挂职于武汉悠锋科技有限公司分别担任咨询顾问、项目经理。武汉悠锋科技有限公司总经理黄超民、副总经理王晶、项目经理赵毅兼职学校的专业课教师。

（二）合作模式

1. 课程合作模式

教师余莉琪、周波到武汉悠锋科技有限公司负责司法监狱系统的安防咨询、技术服务、项目设计、系统维护维修等工作。该公司为学校提供专业培养师资、实习就业岗位、专业建设等工作。如此紧密的合作在全国司法警官职业院校应该属于开创性举措。课程体系分配情况见表 2。

表 2 安全防范技术专业课程体系

序号	课程类型	课程名称	任课教师	是否合作	备注
1	专业基础课	安全防范技术概论	校内	是	
2		电子电工技术	校内	否	
3		面向对象程序设计	校内	否	
4		安全防范工程法律法规	校内	否	
5		工程造价基础	校内	是	
6		安全防范技术应用	校内	是	
7		安防工程制图	校内	是	
8		安防网络技术	校内	否	
9		网络操作系统	校内	否	
10		数据库应用	校内	否	

续表

序号	课程类型	课程名称	任课教师	是否合作	备注
11		智能化工程综合布线	校内	是	
12	专业核心课程	安防工程计量与计价	校内	是	
13		智能楼宇应用	校外兼课	是	
14		智能化安防系统集成	校外兼课	是	
15		安防工程设计	校外兼课	是	
16		安防工程项目管理	校外兼课	是	
17	其他课程	监狱安防系统运维	校外兼课	是	刑事执行技术、司法警务专业核心课程

2. 企业服务模式

学校作为建设湖北省第二批省级服务外包培养（训）基地，定位于职业培训目标，为全省安全技术防范行业开展专业实训和培训，培养安全防范行业急需的服务外包人才，为区域产业发展提供人才保证和智力支撑。

依托湖北省监狱管理局的支持，学校组织全省29所监狱信息化分管领导及信息科科长开展信息化调研交流活动，获得了省行业协会、监狱系统的广泛好评。安防专业作为纽带，切实为行业、监狱系统、企业搭建交流合作平台。

七、合作成效

（一）专业与企业合一，共同开展一体化人才培养方案实践

学校开展了创新创业人才培养方案的实践，共同完成了2015—2020年各年度专业建设。如2017年度"安防设备安装与维护"国家教学资源库建设、3门院级教学资源库建设等工作。（另见图7、图8）

图7　安防综合实训室　　　　　图8　大规模视频监控实训室

（二）专业课程与职业能力合一，共同培育人才职业能力

八门核心专业课程"智能化工程综合布线""安防工程计量与计价""智能楼宇应用""智能化安防系统集成""安防工程设计""安防工程项目管理""视频监控系统安装和运行""入侵报警系统安装和运行"等，都与企业技术能力相挂钩，从而使项目的设计能力、现场的管理能力、项目的造价专业能力与职业认证"国家注册二级建造师""国家注册造价工程师""综合布线工程师""AutoCAD工程师认证""专项能力考核"相符合。毕业生黄娅、朱文杰获得机电专业国家注册二级建造师等证书（图9、图10）。专业学生100％获得企业专业认证。

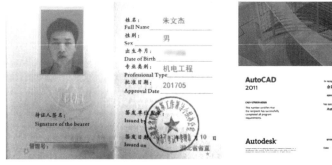 

图9　　　　　　　　　　　　　图10

学校立足司法监狱系统,定位职业培训目标,为全省安全技术防范行业开展专业实训、为湖北省安全防范行业协会、企业、司法行政事业单位提供培训服务,辐射全国,培养安全防范行业急需的服务外包人才,为区域产业发展提供人才保证和智力支撑。

(三)教师与师傅合一,共同开展现代学徒制改革

学校专门聘请了武汉悠锋科技有限公司的赵毅、王晶 2 位企业项目经理,来配合余莉琪、黄超民、周波老师,用以老带新的方式积极参与教学,利用课外、周末、假期开展一对一实践教学指导,帮助学生提高实践专业能力。同时,利用兴趣小组等形式开展多样化的实践活动,每年组织学生参加国内安防技术、产品展和厂家举办的各种技术交流会(图 11、图 12)。

图 11   图 12

利用每年 3 月湖北省安防产品展的时机,依托湖北省监狱管理局的支持,组织全省 29 所监狱信息化分管领导及信息科科长开展信息化调研交流活动。此活动已连续开展 2 年,获得了省行业协会、监狱系统的广泛好评。安防专业作为纽带,切实为行业、监狱系统、企业搭建交流合作平台。

(四)学生与员工合一,共同开展"教学练战"课堂模式

促进学生专业技能与企业岗位要求"零距离"对接,当学生在教室、

实训室时，他是知识与技能、技术的学习者；当教室、实训室转变为企业、车间时，他又是员工，是技术的学习者。2013—2015 年，安防专业共有 27 名学生获得企业捐赠的十万元奖学金，省内主要报刊做了"安防专业毕业生成了香饽饽"的报道。（见图 13、图 14。）

| 图 13 | 图 14 |

（五）就业与创业合一，共同开展行业服务工作

学校安防专业的毕业生成为湖北省安防行业中 90 后的主力军，在安防企业获得一致好评，优秀毕业生年薪在 10 万以上，平均工资超过同类高职生。

近五年，全校教师共服务了十余家司法监狱系统相关单位，承接安防信息系统维护维修技术服务，并参与多家监狱系统相关单位信息化建设方案咨询服务。余莉琪老师 2017 年度被聘为武汉市安全技术防范行业协会专家委员会专家，由她担任第一主编的《智慧监狱安防应用》由中国法制出版社出版（图 15），填补了湖北省司法监狱系统信息化培训教材空白。同时，余莉琪老师还主编了《精编管理信息系统》（图 16），用于本科信息管理专业教学。余莉琪老师还参与了《全国司法行政"十三五"科技创新规划》的修改完善工作，受中国法学会培训中心邀请，举办"全国司法行政信息化培训班"讲座。团队完成了 2018 年度司法部课题"新时代安全防范工程法律法规体系的研究"，并出版《安全防范工程法律法规》教材。余莉琪老师参加了湖北省信息化建设内审、专家评审会等工作。

图 15

图 16

八、经验与启示

通过"混编"教学团队建设，弥补了教师资源的不足，促进了教师团队整体教学水平、科研水平、社会服务能力的提升。

(一) 学校教师发展

1. 专业带头人

专业带头人余莉琪老师被司法部行指委全国安全防范技术教学标准委员会聘为副主任委员（图 17）、被中国法学会智慧监狱讲座聘请为专家、被中央司法警官学院智慧监狱研究中心聘请为研究人员（图 18）、被武汉市安全技术防范行业协会聘为副主任委员。

余莉琪老师认真研究安防教育体系，取得软件高级认证（信息系统项目管理师）、国家注册一级建造师（建筑专业）、国家注册二级建造师（机电专业）、国家注册造价工程师（安装专业）、湖北省技能鉴定高级考评员（楼宇管理员专业）等资格；获得宇视认证讲师、H3C 网络认证工程师、微软核心认证等企业资格证书；等等。

图 17   图 18

余莉琪老师主持了2020年度司法部委托课题"新时代安全防范工程法律法规体系研究",并主编教材《安全防范工程法律法规》;主持了2013年度湖北省教育科学"十二五"规划课题"安防信息智能管理系统研发"课题;2016年主编教材《精编信息管理系统》,由武汉理工大学出版社出版;2017年主编教材《智慧监狱安防应用》,由中国法制出版社出版;学术论文获2015年度湖北省司法行政系统司法行政工作改革研究主体征文一等奖;被评为2015年度湖北省司法厅优秀共产党员、2020年第三届中国安防年度人物;获2018年度司法部教育教学成果二等奖;获2019年度全国首届安防技能比赛优秀指导教师称号;被聘为2015年度武汉警官职业学院应急指挥平台与数据中心项目建设的技术负责人;2016年参与修改完善"全国司法行政'十三五'科技创新规划"工作。相关证书见图19~图22。

图 19   图 20

图 21

图 22

2. 专职骨干教师

周波，国家注册二级建造师、宇视工程师及宇视认证讲师、H3C 网络工程师、信息工程系安全防范技术专业讲师及实训指导员。

周波老师负责安全防范技术专业"建设工程施工管理""建设工程法律法规""安全防范技术应用""安防工程设计"等核心课程的授课任务。

周波老师还主编《安防实训指导书》，参与安全防范教研室中央财政支持、项目经费额度前后为 200 万元和 300 万元的实训室建设，担任国家职业教育刑事执行教学资源库"监狱安防设备应用与维护"课程建设负责人。

3. 兼职骨干教师

程静，武汉大学电子学院计算机电子工程专业毕业，讲师。担任安全防范技术专业"安防线路检测与施工""网络技术"等核心课程主讲教师。

主讲课程"安防线路施工与检测"获校级精品课程，全校第二届"说课程"比赛二等奖、"优秀课程考核方案"一等奖，并多次获全校优秀教师、十佳教师称号。相关证书见图 23～图 24。

(二) 企业教师发展

通过"混编"教学团队建设，企业教师提升了教学能力，也提升了行业影响力。

图 23　　　　　　　　　　　　　　图 24

1. 企业技能名师

黄超民同志责任心强，具有良好的学术素养和职业道德，悉心与学校其他教师一起共同探讨安防行业的发展以及安防教学的定位，理论与实践相结合，参与编制校级教材。根据企业的需求，协助制订教学计划、跟踪教学的成效。同时，为了让更多的湖北省安防企业了解武汉警官职业学院安全防范技术专业，他亲自推荐毕业生实习、就业。他作为法人代表主持运作的公司武汉悠锋科技有限公司共吸纳我院毕业生二十余名，把我院毕业生培养成了行业优秀人才。相关荣誉证书如图 25、图 26 所示。

图 25　　　　　　　　　　　　　　图 26

黄超民同志的公司武汉悠锋科技有限公司曾获得"中国安防地区优质（集成）商奖""湖北省安防行业教育领域优秀解决方案提供商奖"，两次荣获"湖北省安防职业技能竞赛优秀组织奖"。黄超民同志获得"全国司法职业教育教学指导委员会组织评选的 2018 年司法职业教育教学成果二等奖"、武汉警官职业学院"优秀课程方案"二等奖，多次荣获全校"优秀教师"称号。其撰写的论文《监狱安全防范系统运营与维护的研究与实践》获湖北省司法厅论文比赛一等奖（另见图 27、图 28。）

图 27 图 28

2. 企业实训指导老师（一）

王晶，2013 级武汉警官职业学院安全防范技术专业学生，中南财经政法大学工商企业管理专业自考本科，获得计算机二级证书、大学英语四级证书、CAD 中级设计证书、宇视认证视频监控技术工程师证书、智能楼宇管理员技师（二级）、安全员 C2 证书、人力资源证书。现任武汉悠锋科技有限公司副总经理，2019 年被聘为武汉警官职业学院专业实训指导老师。

王晶曾荣获"宇视认证视频监控技术工程师"全国技能大比武比赛全国二等奖、湖北省首届安防职业技能竞赛二等奖、湖北省第二届安防职业技能竞赛二等奖等大奖，是湖北省安防行业正在升起的一颗新星。（另见图 29、图 30。）

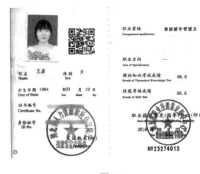

图 29 图 30

3. 企业实训指导老师（二）

赵毅，2011级武汉警官职业学院毕业生，中共党员，湖北警官学院自考本科。获得智能楼宇管理员、宇视认证培训讲师、宇视认证视频监控技术工程师、建筑施工安全员等证书，现担任信息工程系安全防范技术专业实训指导老师。相关证书见图31、图32。

赵毅老师负责安全防范技术专业"智慧监狱安防应用"、"网络工程师认证"等专业课程的授课任务。多次参与配合安防专业师资团队获奖项目的工作。

赵毅老师有丰富的社会实践、项目管理经验，曾多次主导或配合百万、千万级工程的实施，悉心于监狱信息化建设运维，提供金融、教育、地产等行业项目的安防解决方案。

图 31   图 32

(三) 困惑与出路

当前困扰着职业教育的最大问题是"校企合作"和专业师资的职业素质培养，在我校主要表现为以下两个方面。

根据《国务院关于加快发展现代职业教育的决定》（国发〔2014〕19号）中建设"双师型"师资队伍的要求和建立健全课程衔接体系的相关要求，职业院校都积极主动实践，全面启动了相关课程教学改革，教师开始赴企业挂职锻炼。但实际上，我校尚缺乏专业师资教师去企业挂职锻炼的具体实施政策。

根据《关于实行以增加知识价值为导向分配政策的若干意见》（以下简称"意见"），科研人员在履行好岗位职责、完成本职工作的前提下，经所在单位同意，可以到企业和其他科研机构、高校、社会组织等处兼职并取得合法报酬。"意见"的出台旨在加快实施创新驱动发展战略，激发科研人员创新创业积极性；但是，现阶段并无事业单位警官院校专业师资社会服务兼职兼酬的具体政策。

"思政先导＋嵌入教学＋集群实践" 人才协同培养机制探讨①

一、广东司法警官职业学院概况

广东司法警官职业学院是经广东省人民政府批准设置、具有高等学历招生资格的省属公办全日制普通高等院校，是广东省唯一一所培养司法警官人才的高等职业院校，是广东司法行政工作专门人才培养基地、干警素质提升基地、司法行政工作应用性理论研究基地和法治文化传承创新基地。学院归属于广东省司法厅管理，业务受广东省教育厅指导。学院占地面积 13.2 万平方米，目前现有专、兼职教师 229 人，在校大专学生 4577 人。学院设 9 个教学机构，开办了安全防范技术等 14 个专业，省级大学生实习实训基地 3 个、省级校内生产性实训基地 1 个，与司法行政系统各单位合作建立了 57 个校外实训基地，形成了较为完善的教学体系。

① 本案例被评为全国安防职业教育联盟"产教融合·校企合作"典型案例二等奖。作者：齐霞，广东司法警官职业学院安全保卫系党总支部书记、系副主任；周静茹，广东司法警官职业学院安全保卫系系主任，教授。

二、安全防范技术专业介绍

安全防范技术专业设置于 2003 年，隶属安全保卫系。专业设置之初定位于为公安机关、特勤岗位、企事业单位内保岗位培养警务技能型人才。随着专业建设不断完善，2019 年以来确定以习近平新时代中国特色社会主义思想为指导，深入贯彻党的十九大精神，坚持面向市场、服务发展、促进就业的方向，健全德技并修、工学结合的育人机制，构建德、智、体、美、劳全面发展的人才培养体系。培养工程技术与设计服务、安全保护服务行业的安全防范设计评估工程技术人员、安全防范系统安装维护员、智能楼宇管理员等职业群体，培养从事安全防范工程的规划、设计、评估、实施、运维、管理及安防产品销售、服务等工作的技术技能人才。

三、广州铁路公安局基本情况

广州铁路公安局隶属于公安部十局（铁路公安局），下设 8 个公安处，分别为广州铁路公安处、深圳铁路公安处、佛山铁路公安处、惠州铁路公安处、海口铁路公安处、长沙铁路公安处、衡阳铁路公安处、怀化铁路公安处。为了维护广大旅客合法权益不受侵害，打造平安、和谐的春运，从 2006 年 12 月 25 日起，广州铁路公安局每日重点时段采取民警公开巡逻与便衣"贴靠"相结合的方式，提高"见警率"，增强旅客群众安全感，压缩票贩子、盗窃、运输毒品等违法犯罪活动空间。该局自 2009 年与广东司法警官职业学院合作以来，通过优化警力部署、抓好客票调查、强化票务监督、信息研判等措施，充分发挥客票调查分析的优势，广辟线索来源，掌握不法票贩的活动规律，了解高价倒卖车票活动的具体情况，干警与实习学警对所收集的情况进行统一分析和梳理，筛选有价值的线索，"打炒"小分队迅即精准打击，端掉炒票窝点，坚决遏制了票贩子猖獗的犯罪行为，确保了春运的安全稳定，维护了旅客的合法权益，有效净化了铁路站、车的治安环境。

四、广东司法警官职业学院与广州铁路公安局探索"思政先导＋嵌入教学＋集群实践"合作人才协同培养机制

自 2009 年起，广东司法警官职业学院与广州铁路公安局共同探索"思政先导＋嵌入教学＋集群实践"合作人才协同培养机制，力求实现共建专业，共育人才（图 1）。

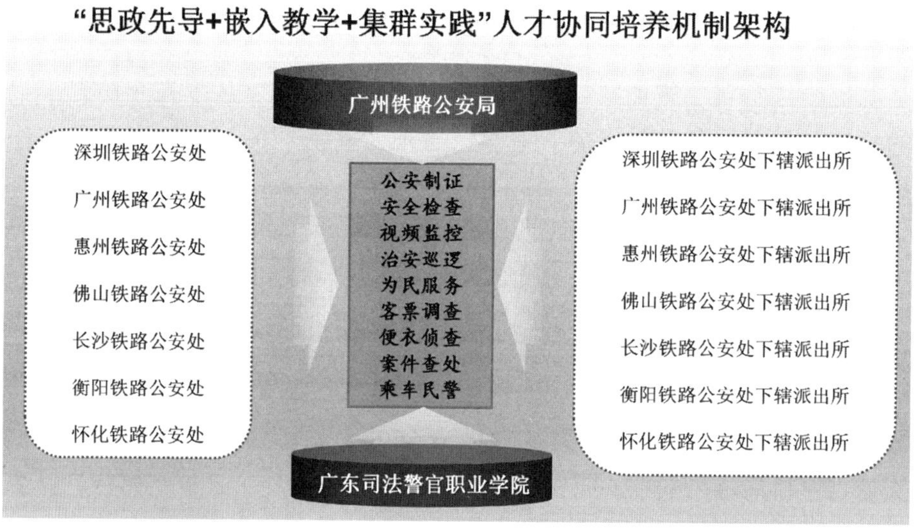

"思政先导＋嵌入教学＋集群实践"人才协同培养机制架构

图 1　广东司法警官职业学院与广州铁路公安局人才协同培养机制架构

（一）"思政先导＋嵌入教学＋集群实践"人才培养机制内涵

"思政先导＋嵌入教学＋集群实践"培养模式，是指学校与共建单位的上级主管部门沟通，获得该主管部门的支持，并通过主管部门协调，将其下属的各业务部门纳入学警实训实习点，在实训和实习过程中实现思政先行，将"工匠精神"与专业课程嵌入岗位，从而形成纵向具有隶属关系、横向具有关联性的集群式实训实习集群，共建双方深度参与专业内涵建设、专兼职教师队伍建设、学生实训、实习活动，实现共建专业，共育人才。

1. 岗位情境思政

高校思政课教学存在着课程思想政治属性与学生需求鲜活性之间契合度不高、知识去情境化、单向灌输和评价方法单一等问题。大学生思想政治教育是一项系统工程，需要多主体参与、多环节交叉、多要素综合，对学生思想研究越"深入"，思政教学越"浅出"，教育效果就越显著。基于此，人才培养机制运行中，学警实训实习的指导老师在岗位上开展思政专题教学，教师用通俗易懂的语言对思想政治理论要点、社会热点、学生疑点、思想堵点等教育内容加以解答。同时，围绕"核心价值观"、"执法为民"等专题并结合岗位工作进行交流对话、思想批判、学理质疑、学习汇报等活动。

2. 课程嵌入岗位

铁路派出所干警是铁路安全管理工作的直接承担者，管理的业务范围和工作内容随着社会的发展而变化，不同地区、不同行业、不同工作阶段也存在着差异，形成了铁路安全管理工作发展快、变化多、任务复杂等特征。因此，专业人才培养嵌入行业，确保了人才培养的适用性。根据职业教育以及安全防范技术专业人才培养的目标特点，构建专业素质与岗位能力统一、实训与实战深度交融的人才培养模式，职业教育方能创新发展。

3. 集群岗位实践

警察职业院校开展实践教学活动，是职业教育积极主动适应警务工作职业化发展的必然要求，也是警察职业院校培养高技能警务人才的必要阶段，是学警职业能力、战斗力、纪律性、社会责任感和奉献精神全面培养的必经途径。由于组织单位与各实习单位的隶属关系，由学校和组织部门共同制定的具有全局性、针对性和可行性的实训实践方案，成为实习单位执行实训实践教学工作的依据，确保了实训实践工作能高速、畅通运行。形成院校专业教育与实习基地之间沟通便捷机制，使得专业教育能适时掌握各实习点学警岗位情况，保证了实践方案的积极稳妥执行与推进。

（二）安全防范技术专业与深圳铁路公安处"思政先导＋嵌入教学＋集群实践"人才培养机制实施过程

1. 安全防范技术专业"思政先导＋嵌入教学＋集群实践"人才协同培养机制组织构架

基于广州铁路公安局下设 8 个铁路公安处，安全防范技术专业与深圳铁路公安处签订了"思政先导＋嵌入教学＋集群实践"人才协同培养协议。深圳铁路公安处组织将下辖安检支队、深圳站派出所等 13 个单位纳入集群，共同执行协议书中的责任与义务，为学生实训、实习提供场所、师资和必要设备。实训、实习的学警受深圳铁路公安处及其下辖支队、派出所双重指挥，警令自上而下至集群实习点，学警的实习方案、安全管理和实习考核，均在人才协同培养体系中统一进行。以安全防范技术专业与深圳铁路公安处合作为例，合作双方成立了人才协同培养工作组，安全防范技术专业和实践单位领导担任工作组负责人，深圳铁路公安处设人才协同培养办公室，下设思政先导工作组、课程嵌入工作组、集群实习工作组、师资建设工作组、合作事务办公室、警务活动安全组、警务宣传工作组、综合考核工作组等（图 2、图 3、图 4）。

图 2　安全防范技术专业与深圳铁路公安处人才培养机制实施过程

2. "思政先导＋嵌入教学＋集群实践"人才协同培养机制制度建设

安全防范技术专业与深圳铁路公安处人才协同培养制度建设示意图见图 5。

图 5   安全防范技术专业与深圳铁路公安处人才协同培养制度建设

1）思政为先导，将"工匠精神"纳入岗位思政课程

蕴含敬业、精益、专注、创新等方面内容的工匠精神是当今中国经济社会转型升级所需要的职业精神，对正值"拔节孕穗期"青年学生的世界观、人生观和价值观之培根铸魂有大作用。如何构建警察职业院校的"工匠精神"是一个值得关注的问题，它凸显了将培养"工匠精神"融入实训教学中的重要性。在学警实训、实习过程中，"行业能手""优秀警察"可优先作为实习指导教师来对学警的实训、实习进行指导。经"工匠"的有效指导，学生在实践的执法环境中感受到"工匠精神"的重要意义，感受到"为人民服务"不只是口号，进而激发主观能动性，提高自身的职业技能及职业素养。在高效完成工作任务之余，学警在实训、实习活动中潜移默化地习得"工匠精神"，实现了思政课"随风潜入夜，润物细无声"之教育功效。

2）校警双方共同制定专业建设方案

校警双方准确定位岗位核心能力，为人才培养模式改革找准方向。安全防范技术应用能力是安全防范技术专业学生所应具备的最重要、最核心的能力，因而要定位好岗位应当具备的专业核心能力，根据岗位来确定所处专业应当掌握的基础知识、职业基本能力和素质，通过课程模块来实现知识掌握和能力提升相结合。体现行业特点和铁路警察职业特色的系统化、嵌入式应用型人才培养模式，让安全防范技术专业抓住了学生能力培养的重点，使学生实践技能得以提升。

3）互聘互任教官、教师，鼓励双向交流

高水平的师资是高质量实践教学和快速提高学生职业实践技能的教育保障。安全防范技术专业与深圳铁路公安处建立互聘互认、双向交流机制，鼓励双方师资队伍互相交流，同步提升。深圳铁路公安处派出教官参与专业教学、科研和项目合作，促进校警合作开展。安全防范技术专业采用"引进来、走出去"的师资培养模式，引进具有高学历、丰富工作经验及技能的"双师"。鼓励教师到行业顶岗锻炼，提高实践教学指导能力和水平，强化业务水平。

4）建立常态化的人才需求反馈制度

安全防范技术专业与深圳铁路公安处建立常态化人才需求调研，面向珠三角地区安全防范技术人才需求，及时了解铁路派出所对人才需求状况，了解用人单位的需求、毕业生就业质量，及时调整人才培养方案。在保障学生实践教学的基础上，加强教师与实践部门深层次的合作与沟通，解决实践部门在执法实践和科研中遇到的难题。

5）建立学生实训、实习保障制度

安全防范技术专业与深圳铁路公安处建立了《广东司法警官职业学院教学工作规范》《广东司法警官职业学院学生实习管理规定》《广东司法警官职业学院学生社会实践活动管理办法》《实习学生管理规定》等实践教学管理制度，覆盖指导、管理、监督、考核等环节，保障各项工作有效运行。基于学生参与警务实践的风险性，建立集思政教育、安全教育、安全防范、社会保险"四位一体"的安全保障体系。

3. "思政先导＋嵌入教学＋集群实践"培养模式运行与管理

1）精心策划、分工协作

实践教学工作能否有效地运行，得以实现建设目标，很大程度上取决于共建部门的重视程度和组织结构是否合理。学院十分重视人才协同培养机制建设，成立了学院工作组，时任院长张文彪亲自担任组长，万安中副院长主持教务工作与专业具体工作，学生处共同参与实践教学组织与管理。学院统一思想、提高认识、明确责任，在充分调研的基础之上，完善了《关于共建实践教学基地指导意见》《实践教学基地管理办法》《实践指导教师工作制度》《学生顶岗实习管理制度》《学生顶岗实习保险制度》等制度，落实专门人员负责，形成协调一致、高效运行的内部机制。

2）互通信息、动态管理

学生实习实训期间，根据实践教学计划、措施和要求，专业教研室主任、专业教师对照实践教学内容进行检查，掌握学生实践状态，实现过程控制；通过检查找出问题，及时与安全防范技术专业沟通信息，商讨改进办法；通过跟踪检查，对实践计划与方案进行针对性的修改、调整、补充和完善，确保实践教学有序进行。

3）统筹规划、落实责任

在学院统筹安排和部署下，专业重点抓好教师在学生实践期间信息收集、跟踪反馈等工作，教师负责学生管理与实践教学过程中的信息反馈，完善实践教学管理，向合作实务办公室提供实训实习动态信息；公安处重点抓好实践指导教师选派、岗位技能传授、实践过程管理与考核；各派出所选派政治素质高、警务技能强、工作出色的干警做实践指导教师，颁发聘书，并赋予干警对顶岗实训实习的学警的考核管理权，干警从学警警务技能掌握情况、岗位责任、团队意识、工作纪律、人际关系等诸方面进行考核，并做出书面鉴定，共同搭建实践教学管理体系。

五、合作成效

（一）学院办学能力得到增强

"思政先导＋嵌入教学＋集群实践"人才协同培养机制运行 10 年来，"以立德树人为根本，以服务发展为宗旨，以促进就业为导向"改变了以往教学教育普通化的现象，促进职业教育回归本真，逐步走上了现代职业教育的道路，逐步承担起职业教育直接服务经济社会发展的办学使命，促进了学院的办学观、教学观、管理观的转变，使学院的办学与经济社会发展、用人企业需求相融合，切实增强了学院的办学活力。

（二）学院办学条件有所改善

集群式的实训基地为学生实习实训、拓展教学、培养技能提供了场景和资源，解决了学院教学设备、教学资源不足的问题，提高了学院人才培养质量。

（三）学院办学质量和效益明显提升

"毕业生就业难、学校招生难"是困扰职业院校发展的难点，"思政先导＋嵌入教学＋集群实践"人才协同培养机制运行 10 年来，学院学生动手能力、实践能力和职业技能均得到大幅提升，大部分同学在顶岗实习期间就落实了工作岗位。

（四）双方合作成绩显著

"深圳铁路公安处校外教学基地"被广东省教育厅认定为广东省大学生实践教育基地；广州铁路公安局在国家公务员招录时，为我们学院专门设定岗位。据统计，现有 53 名学警通过国家公务员考试进入广州铁路公安局；学院聘任了马志强支队长，欧利昌副支队长为客座教授；

铁路公安处聘请了周静茹教授、齐霞副教授、龚亭亭副教授为广州铁路公安局继续教育教官；合作双方共同开发了突发事件处置预防与处置、安全检查等课程；共同编写《突发事件预防与处置》《犯罪预防》《公安基础知识》《公共安全管理》4 部教材；专业教师到深圳铁路公安处进行行业实践，专业知识和技能水平快速提升，结束行业锻炼后，均在课程改革和专业建设方面有了新思路；广东司法警官职业学院连续 12 年参与广州铁路公安局"平安春运"活动，师生在活动中熟悉了岗位、锻炼了技能、锤炼了意志。

六、经验与启示

学生实训实习是专业教学的重要环节之一，是学校教学工作的延伸，也是学生走向社会的桥梁。广东司法警官职业学院与广州铁路公安局"思政先导＋嵌入教学＋集群实践"人才协同培养机制，与其他高校的实践教学基地机制相比较具有鲜明的特色。学校与行业人才协同培养机制，是协同实践育人的保障。公安机关不同于企业，企业主要是创造经济效益，公安机关创造的是社会和谐稳定的社会效益。广东司法警官职业学院与广州铁路公安局在合作过程中以专业为基础组建了实践教学创新团队，形成梯队合理、结构优化、人员互补的实践教学创新团队，提升了实践教学质量；同时，坚持实战化的职业教育理念，使教师专业知识和职业技能同步提升，推动了基于职业工作过程的实战、模块、协作教学改革；培养了一批青年专业带头人、骨干教师；组建了一支政治坚定、师德高尚、业务精湛、水平高超的实践教学教师创新团队；双方通过精心筹划、努力建设、科学管理，最终实现依托联盟、资源共享、优势互补、共育人才、共同发展，提升了社会服务质量。

开拓创新谋发展　校企合作共育人
——"产教融合·校企合作"典型案例[①]

　　山西警官职业学院安防系自成立以来，认真贯彻落实《国务院关于大力发展职业教育的决定》及《国务院办公厅关于产教融合的若干意见》，进一步深化产教融合、校企合作，全面推进校企协同育人，有了一些经验和收获，现总结如下。

一、学院简介

　　山西警官职业学院是一所为政法系统培养、培训人民警察的高职院校，始建于 1964 年 4 月，历经"山西省公安技校""山西省公安学校""山西省劳改工作学校""山西省劳改警察学校""山西省第二人民警察学校"等校名的更迭。2004 年 5 月 20 日，经山西省人民政府批准，在山西省第二人民警察学校的基础上，成立山西警官职业学院。由山西省人民政府领导、山西省监狱管理局管理。

　　学院设有 22 个部门。其中，党政机构 9 个，教学机构 8 个，教辅机构 3 个，群团组织 2 个。现有教职工 231 人，专任教师 88 人，在校生 2010 人。专任教师中具有副高以上职称的 30 人，硕士学位及以上的 33 人。

---

　　① 本案例被评为全国安防职业教育联盟"产教融合·校企合作"典型案例二等奖。作者：张勇，山西警官职业学院安防系主任，研究领域为安防技术职业教育研究。

学院占地面积 75.12 亩，总建筑面积 39221 平方米，教学科研仪器设备总值 1134 万元，馆藏纸质图书文献 26 万余册，建有"计算机应用国家级职业教育实训基地"1 个、校内实验实训场所 18 个、校外实践教学基地 33 个，满足了学生顶岗实习实训的需要，拥有较为完善的校园网，为工学结合提供了必要的教学条件。

学院先后被中纪委、教育部、共青团中央、山西省人民政府、山西省政法委、山西省教育厅分别授予"法力先锋""全国德育工作先进集体""山西省德育示范学校""全省职业教育先进单位""山西省文明学校""省级文明和谐单位""省直文明和谐单位标兵""山西省依法治校示范校""人民群众满意的司法行政单位""山西省司法行政系统首届'百佳'集体""山西省质量管理小组活动优秀企业"等荣誉称号，多次被省司法厅、省监狱局荣记集体二等功、三等功，多年被评为省监狱系统"创建三好班子活动先进集体"。狱政 27 班和高职 8 班相继被教育部、共青团中央授予"全国先进班集体标兵"和"全国先进班集体"荣誉称号。

二、系、专业简介

（一）安防系简介

山西警官职业学院安防系于 2012 年 9 月成立，在省内高职院校中独家设置了安全防范技术专业，2016 年又增设了智能安防技术及应用方向。现有在编教师 5 人，校内兼课教师 1 人、校外兼课教师 2 人，外聘兼职专业教师 6 名。近年来，安防系坚持"立足监狱，服务行业、奉献社会"的办学指导思想，构建了突出安防产品选型、工程实施、系统设计及系统维护等核心职业能力，渗透忠诚、奉献、责任、纪律等警院文化特色的"公共学习领域重素质，专业学习领域重能力，拓展学习领域重发展"的全新课程体系，建立了"校企合作、工学交替、课岗融合"的人才培养模式。团结进取，开拓创新、求真务实，知难而进，聚精会神搞教学，一心一意育人才，全方位诚心实意开展同监狱、行业、企业的合作，竭尽所能致力于安全防范技术应用型人才的培养，取得了良好的效果，获得了社会各界的认可。2017 年荣获山西监狱系统五一劳动奖状。

（二）全防范技术专业简介

安全防范技术专业挂牌于 2011 年 4 月，2012 年 9 月开始招生。安全防范技术专业是山西省高等职业特色专业、山西省 100 个骨干专业之一，校内安全防范技术实训基地为山西省高职教育实训基地，在全省同类专业中处于领先地位。2020 年 7 月获批山西省高等职业教育高水平重点专业建设项目。本专业培养大专文化层次，掌握安全防范技术专业基本理论知识，具有安防产品选型、工程施工、系统设计及维护等职业能力，具备诚信品质、敬业精神、责任意识和遵纪守法意识等职业素质，能够胜任监所及其他企事业单位的安防技术和管理岗位，德、法、警、文、专等全面发展的高素质技术技能人才。专业核心课程为安防网络技术、安防工程线路施工与检测、安防设备安装与系统调试、安防工程设计、安防设备维修与系统维护、安防工程施工管理与质量控制等。就业方向为监所、公安、银行、智能小区等安防系统应用单位和安防生产、经销、工程单位。其中，智能安防技术及应用（方向）的毕业生还可拓展至数字化城市、智能建筑、物联网应用单位就业。目前该专业在校生 240 人，入学分为高考招生、对口招生与自主招生三个层次，近三年招生数分别为 2017 年 60 人、2018 年 63 人、2019 年 117 人。毕业生就业情况良好，2017 年毕业生就业率为 98.11%，2018 年毕业生就业率为 98.01%，2019 年毕业生就业率为 96.5%，平均就业率为 97.54%。2019 年完成扩招任务 70 人。

三、专业开展"产教融合·校企合作"整体情况

安防系自成立以来，坚持"以服务为宗旨，以就业为导向"的办学方针，坚持立足监狱、服务行业、奉献社会的办学指导思想，本着优势互补、资源共享、互惠双赢、共同发展的合作原则，积极开展产教融合、校企合作。

（一）与安防企业的合作

学院先后与山西中天信科技股份有限公司、山西中信联科贸有限公司等16家公司进行过合作，主要内容是教师实践、技术服务、实习就业、共建队伍、校内实训基地建设。其中，中天信科技公司特色课合作项目、中信联科贸公司的全方位深度合作具有代表性。从2014年至今，连续举办六届校园双向招聘会及顶岗实习洽谈会，累计有30多家安防企业参加了招聘，240名同学通过招聘会确定了就业意向，160余名同学参加了安防企业的顶岗实习，120余名同学在顶岗实习后直接被企业录用，部分毕业生在安防企业脱颖而出，成为企业的中坚力量。

（二）与监狱管理部门的合作

学院先后与省监狱管理局科技信息处、太原二监进行了合作，合作的主要内容如下：一是每年组织新生到太原二监进行监狱安防系统的认知实习，同时获得对监狱整体的认识；二是教师参与部分监狱信息化建设的项目研讨、论证及验收，与监狱管理局科技信息处合作开展监狱系统信息化人才队伍建设调研并提出意见、建议；三是学生到监狱管理局指挥中心及各监狱进行集中实习，主要实习岗位为监狱安防技术岗位。

2013年5月在省监狱管理局与学院党委的支持帮助下，经与太原二监进行磋商并达成一致，学院安全防范技术专业2012级共47名学生参加太原二监信息化一期工程后续建设施工。这次为期2个月的实践教学是学院安防系坚持"校监合作、工学结合"的教学模式新尝试，也是与工作岗位"零距离"结合的教学模式创新。

（三）与校内实训基地建设单位或设备提供商合作

学院先后与西安开元电子实业有限公司、浙江天煌科技实业有限公司、广东三盟科技有限公司、山西中信联科贸有限公司等单位合作，主要内容是共建校内实训基地。例如在安防综合实训室的建设中，我们与西安开元电子实业有限公司紧密合作、精心设计、反复研讨、共同参与，将实训室整体设计、设备选型、配套工具、配套实训教材、配套实训指导书、教学课件、教学视频、实训耗材、实训室整体氛围建设统筹考虑，一并建设，使建成的实训室成为集理论教学、器材展示、实训功能、技能鉴定为一体的特色鲜明的实训室，受到各方面的好评，同时将此经验推广到其他实训室建设中，取得了较好的效果。在安全防范技术实训场建设中，我们与施工方山西中信联科贸有限公司共同开发安防视频实训箱，既方便又实用。同时，在实训基地建设过程中，专业教师与学生共同参与设备安装、调试，既学会了安装技能，又对实训基地的布局、设备、功能有了更深的认识，真正起到了实训的作用。

（四）与其他单位的合作

学院先后与山西省机场公安局、北京地铁安检公司、中安保实业集团有限公司等单位进行了合作，主要内容是实习就业，这类单位最大的好处是一次性安排实习生多，能集中解决住宿，且住宿条件相对较好，便于对实习生进行集中统一管理。

总之，通过不同形式、不同类型、不同内容的校企合作，积极推进校内教学、校外实践、顶岗实习、企业就业一条龙人才培养模式改革，初步建立了学院、监狱、企业三方联动机制，搭建了学生校外实习与就业的平台，取得了可喜的成绩。安防系学生在全院各专业中对口实习率及对口就业率位列前茅。

四、具体校企合作项目内容、项目名称

具体校企合作项目内容、项目名称如表1所示。

表 1　校企合作一览表

序号	合作企业名称	合作项目内容	合作时间	备注
1	太原各监狱	共建队伍、实习参观	2012-11	
2	山西省监狱管理局科技信息处	人员培训、共建队伍	2013-05	

续表

序号	合作企业名称	合作项目内容	合作时间	备注
3	太原市凌通科技有限公司	实训室建设	2013-07	
4	山西华瑞电子工程有限公司	共建队伍、实习就业	2013-09	
5	山西中信联科贸有限公司	信息共享、共建队伍、教师实践、技术支持、共建实训基地、实习就业	2014-03	
6	海康威视	信息共享、制订计划、共建队伍	2014-03	
7	山西中天信科技股份有限公司	互认挂牌、就业推荐、员工培训、课程开发、实习就业	2014-05	
8	山西业成科技有限公司	实习就业、业务指导	2015-06	
9	西安开元电子实业有限公司	师资培训、实训室建设、教材开发	2015-07	
10	浙江天煌科技实业有限公司	师资培训、实训室建设、教材开发	2016-05	
11	山西立安鸿诚科贸有限公司	实习就业、共建队伍	2016-05	
12	山西九鼎泰和智能科技股份有限公司	实习就业、业务指导	2017-05	
13	中安保实业集团有限公司	实习就业	2018-06	
14	山西通源高科贸易有限公司	实习就业	2018-06	
15	山西瑞正通科技股份有限公司	实习就业、行业指导	2019-05	
16	山西各机场	实习就业	2019-06	

五、合作方介绍

（一）山西中天信科技股份有限公司

山西中天信科技股份有限公司是由中星微电子集团和山西国信投资（集团）公司共同投资设立的高科技股份有限公司。公司坐落于太原经济技术开发区中天信产业园，占地约200亩。自2012年公司成立以来，实施"基于SVAC国家标准的安防监控系统研发设计、推广应用及产业化"项目，建立起自主的研发生产体系，形成覆盖监控前端、视频监控软硬件系统、存储和智能交通系统等领域的SVAC产品和应用体系。完全按照SVAC国家标准独立承建完成了太原、保定等城市的"天网工程"建设，现已成为山西最大的安防监控企业，也是迄今为止国内安防监控领域推广SVAC国家标准最大的整体解决方案提供商。目前主要经营业务涉及安防监控、平安/智慧城市、智能交通等领域。

（二）山西中信联科贸有限公司

山西中信联科贸有限公司成立于2003年，专业从事安防系统集成和计算机网络系统集成。公司经过近十年的辛勤建设，不断创新，开拓进取，到现在已发展成为具有一定规模，竞争力强的安防企业，与海康威视、广东远洋、深圳光网视、江门拓达等众多知名安防企业建立了广泛、稳定的贸易伙伴关系，如今已一跃成为山西安防市场中的领军企业之一。

六、合作过程、内容

（一）与中天信的合作过程、内容

为了充分发挥校企双方的优势，发挥职业技术教育为社会、行业和企业服务的功能，为企业培养更多高素质、高技能的应用型人才，同时借助地方和企业的优势，为学生实习、实训和就业提供更大空间，以实现人才培养目标，提高人才培养质量。山西警官职业学院（以下简称学院）与山西中天信科技股份有限公司（以下简称中天信）于 2014 年 11 月本着"优势互补、资源共享、互惠双赢、共同发展"的原则，在平等自愿、友好协商的基础上，就安全防范技术专业的人才培养合作事项签订了校企合作协议，建立了长期紧密的合作关系。

1. 互认挂牌、就业推荐、员工培训合作

（1）学院在中天信挂牌设立"山西警官职业学院实习实训基地"，中天信根据需要在学院挂牌设立"山西中天信科技股份有限公司人力资源培训基地"。双方均同意在对外发布信息中使用共建基地的名称，共同开展管理、实习、培训和科研合作。

（2）作为学院的校外实训、就业基地，中天信在同等条件下应优先录用学院毕业生。学院每年邀请中天信作为用人单位参加学院组织的校内毕业生供需洽谈会，优先为中天信输送德、智、体全面发展的优秀学生。

（3）作为中天信的人力资源培养基地，学院应利用自己的软硬件教学资源，根据中天信要求，为中天信提供包括各类员工职业培训、职业教育等在内的人才培训服务。

（4）中天信向学院提供本企业职业岗位特征描述、各职业岗位要求的知识水平和技能等级等信息，积极参与学院人才培养方案的修订完善工作，共同开发相关课程，并承担该专业的部分教学任务。

（5）双方将定期（每季度一次）通过走访或座谈形式就双方合作开展情况、协议执行情况进行阶段性总结。如遇突发情况，双方将及时联系并加以解决。

2. 企业特色课、师资培训合作

（1）根据中天信需要，中天信在学院安全防范技术专业第二学年（二年级）开设"中天信特色课"，课程内容涵盖中天信经营理念、企业概况、生产流程、产品介绍、工程概况、人力资源管理等，课程设置由中天信制定，师资由中天信派出，考核由中天信操作。教学过程作为中天信考察学生的重要途径，考核结果作为中天信选人用人的重要依据。

（2）为保证合作培养的人才质量，满足合作班级学生的实验实训需要，中天信选派中高层领导、中高级技术人员担任学院客座教授、专业带头人或兼职教师，参与学院人才培养过程，参与学院科技开发，教学改革，教材编写等工作。学院以产学合作、工学交替、顶岗实习的现代人才培养模式，按照企业人才规格要求设置课程，组织教学，保证人才培养质量。

（3）学院选派优秀教师和业务骨干参与中天信科研项目开发、技术改造和学术研讨；中天信为学院专业骨干到企业挂职锻炼、培养双师队伍提供必要条件。

2015年上半年我们与山西中天信科技有限公司合作开展"企业特色课"项目，本次合作中天信领导高度重视，人力资源部专门召开协调会，选定15个专题，从10余个重要部门选派部门领导和技术骨干来学院上课，从3月12日开始至6月20日，共进行了15次讲座，涵盖中天信经营理念、企业概况、生产流程、产品介绍、工程概况、项目管理、人力资源管理等。中天信教师丰富的实践经验、企业独具特色的文化、国内领先的核心技术和高端的安防产品介绍，开阔了学生的视野，拓宽了学生的知识面，增强了学生的专业责任感与自信心。

新颖的校企合作方式引起了社会的关注，山西青年报《警方周刊》记者曾对此进行了采访，发表了《校企对接，他们离梦想更近》的文章，省职教网也进行了相关的报道，充分肯定了作为专门培养安全防范技术专业的警官职业学院与作为山西省公安厅天网工程最大产品供应商与工程运营商的中天信之间校企合作的重要意义。

（二）与中信联的合作过程、内容

从2013年4月起，我们就与山西中信联科贸有限公司（以下简称中信联）开始了校企合作，中信联参与了安防技术专业建设的全过程，见证了专业的发展与成长，同时中信联也是招聘学院安防系毕业生最多的企业，许多毕业生已经成为该公司的中坚力量，堪称校企合作的典范。

1. 信息共享

中信联作为资深有影响力的安防公司，为学院安防系提供山西安防市场的各种信息：一是产品及厂商信息。作为海康威视在山西最大经销商，中信联为学院定期或不定期提供最新的产品信息，并派技术人员来校为学生进行新产品及新技术的讲座。二是安防企业的信息。中信联利用自身信息优势，将全省各地安防企业的动态提供给学院，并为学院的校企合作提供优质企业信息。三是安防市场信息，特别是人才需求信息，为学院制定人才培养提供信息支持。四是政策信息。利用中信联广泛参与行业、政府、市场项目的有利条件，为学院安防专业的发展提供政策信息。学院也根据职业教育要求向中信联提供国家支持校企合作的政策信息。2013 年 5 月，安防系组织学生参加了海康威视的新产品发布会，当大会主持人宣布参加今天会议的还有来自山西警官职业学院安防系的 47 名同学时，会场响起了热烈的掌声，众多安防企业对山西省还有学院专门培养的安防技术专业人员表示了浓厚的兴趣。第二天，太原市公安局科技信息应急通信支队就主动联系学院的学生，邀请全部到会学生参加天网工程顶岗实习。

2. 技术支持

中信联向学院安防系提供安防技术支持。一是校园视频监控实训箱，由安防系提出要求，中信联公司设计完成，并负责日常的维护；二是校园视频监控系统，由中信联施工安装，因而也是由中信联提供日常的维护；三是专业教师在实践教学中遇到技术问题，大家多是请教中信联公司的技术骨干。

3. 教师实践锻炼

中信联为安防系专业教师提供实践锻炼机会与场所，一般专业教师利用暑假参与中信联项目的设计施工，为期一个月。同时，如果中信联施工项目进行验收，也会邀请学院专业教师参加（特别是在太原市的一些项目）。

4. 专业共建

一是中信联领导和专家作为学院安防技术专业教学指导委员会成员一直参与学院安防系的专业研讨、人才培养方案的制订、课程改革等工作，提供了来自企业的真知灼见；二是中信联派出一名技术骨干长期作为兼职教师为学生讲授"安防工程施工管理与质量控制"课，另一名技术主管为实训指导教师，对校内实训进行指导与督导。2017年5月11日，应安防系邀请，中信联的项目工程师郑旭来到学院参加职业教育宣传周活动并对实训工作进行指导。郑旭工程师结合学院的校园视频监控系统，为同学们讲授了系统架构、设备选型、综合布线、安装调试等方面的知识，之后又带领同学们进行了现场观摩与实训，结合校园内不同的实训箱，郑旭工程师重点对交换机的接线方法、光电转换、防雷接地、无线传输进行了示范与讲解，并亲自指导学生进行实际操作。同学们对这种贴近实际、工学结合的讲授方式表现出浓厚兴趣，反响也很热烈。

5. 共建实训室及实训基地

一是共建校园安防监控实训场，由中信联与安防系共同设计，一方面满足安防系学生实训需要，另一方面发挥校园视频监控作用，保障校园安全；二是中天信、中信联等企业作为安防系校外实训基地，为学生跟岗实习和顶岗实习提供优质条件与服务，将现代管理、企业文化及职业精神养成教育贯穿学生实习全过程，促进职业技能与职业精神高度融合，服务学生全面发展，提高技术技能人才培养质量和就业创业能力。2018年11月9日至11日，安防系组织20名男同学参加了校企合作单位中信联承揽的全省消防工程师考试考场视频监控安装调试工作，得到了锻炼与提高。

七、合作成效

（一）初步形成"产教融合、校企合作、工学结合、知行合一"的协同育人机制

经过多年的努力，初步形成了校企共同制订人才培养方案、共同开发课程与教材等教学资源、共同实施教学、共同组织考核考评的协同育人机制，推动"政府主导、校企双主体"的育人任务和机制深度落实和形成。

（二）教育教学和学生培养与企业用工要求实现了零距离对接，初步形成了稳定和谐的用工关系

校企合作、工学结合、课岗融合的办学模式，尤其是企业参与专业课建设，促进了专业与职位、课程与岗位、教学过程与生产过程的有效衔接，使教育教学、学生培养与企业用工实现了零距离对接，促进安防技术专业教育逐步走上现代职业教育"以立德树人为根本，以服务发展为宗旨，以促进就业为导向"的办学路径，逐步承担起职业教育直接服务经济社会发展的办学使命，有效促进了办学观、教学观、管理观等的转变，使办学与经济社会发展、用人企业需求相融合。

安防系从 2014 年开始至今，积极推进校内教学、校外实践、项岗实习、企业就业一条龙人才培养模式改革，初步形成了稳定和谐的用工关系。连续举办六届校园双向招聘会及顶岗实习洽谈会，累计 30 多家安防企业参加了招聘，240 名同学通过招聘会确定了就业意向，160 余名同学参加了安防企业的顶岗实习，120 余名同学在顶岗实习后直接被企业录用，部分毕业生在安防企业脱颖而出，成为企业的中坚力量。

（三）优势互补，打造了一支"双师型"师资队伍

安防系坚持专业教师每年到企业或生产服务一线实践 1 个月，使培养"双师型"教师的制度得到了有效落实。目前，安防系 4 名教师通过培训

获得了全国智能系统工程师职业技能证书，"双师型"教师占 80%。同时，中信联两名技术骨干长期承担专业课教学任务，中天信、海康威视等10 余家企业的 20 多名行业专家、技术骨干来院做专题讲座，15 名技术骨干担任实习指导教师，初步打造了一支"双师型"师资队伍，基本满足了专业理论与实训课程教学需要。某种程度上讲，正是因为学院比较多地聘用了安防企业的一线技术人员作为外聘教师，才使学院的教学更多地体现了专业性、实用性与前瞻性，与工作实际需要零距离，使学生在就业市场中有较强的竞争力。

（四）办学条件有效改善，办学质量明显提高

经过长期的校企合作，我们初步筛选出了一批优质合作企业，为学生提供了较好的实训、实践场所和资源，弥补了学校教学设备、教学资源不足的问题，使办学条件得以有效改善，特别是与中天信、中信联的深度合作，充分利用了企业的专业技术指导力量，极大地充实和改善了师资队伍的实践素质，增强了实习实训课教学效益，增强学生动手实践能力，提高职业技能，大部分学生顶岗实习期间就落实了就业，就业率达 97%。"出口畅"拉动了"入口旺"。招生规模逐年提高，办学效益明显提高。同时，设备条件先进、管理科学规范，集教学、培训、生产、科研等多项功能为一体，特色鲜明的实习实训基地建设，也极大地提升了专业服务社会、监狱和行业的能力。

八、经验与启示

坚持"以立德树人为根本，以服务发展为宗旨，以促进就业为导向"的宗旨，本着"优势互补，资源共享，互惠双赢，共同发展"的原则，安防系积极开展了多方位、多层次、多形式的校企合作，有力地推进了校企合作办学、合作育人、合作就业、合作发展，初步建立了校企合作、工学结合、课岗融合的人才培养模式，取得了较好的成效，也积累了一些经验。

（一）校企合作的最大动力是学院能够为企业提供符合其要求的人才

中信联之所以能和学院长期合作，最直接的动力就是企业一直在快速发展，对安防技术人才需求旺盛。中天信在 2016 年以前与我们学院合作紧密，也是因为企业承接太原市"天网"工程，需要大量的安防技术人员，但随着企业转型升级和市场变化，技术人员需求迅速向高端化发展，与学院的合作力度全面退缩。

（二）根据专业定位找对、找准，选择合适的企业进行合作是关键

作为安防类高职院校，选择在行业内有较大影响力、信誉度高、业务范围广、技术力量强的中型企业较为合适。与学院合作的中信联是海康威视在山西的最大经销商，在山西安防行业具有很大的影响力和号召力，通过他们的把关与引荐，学院与一批省内优质企业建立了合作关系。通过他们的积极推动与率先垂范，学院连续六届招聘会的规模逐渐扩大，影响越来越广。良好的合作起到了引领和示范作用，可以说，选择与中信联合作，事半功倍。所以，选对合作企业很关键。

（三）建立产教融合、校企合作的长效机制是保障

作为校企合作的两个基本要素，学校是理论前提，企业是实践场所，两者既有宏观上的分工又有微观上的融合，其有机结合是校企合作教育成功的有效途径和保障。我们学院与中天信、中信联的校企合作涉及信息共享、共建队伍、教师实践、课程改革、共建实训基地等诸多内容，需要建立一整套制度体系与运行机制才能使校企合作项目落实到位，为此我们制定完善了校企合作协议、校企合作联系制度、外聘教师管理制度、专业教师实践锻炼考核制度、实习生管理制度、实习指导与管理制度等，努力使校企合作规范化、制度化、长效化，收到了较好的效果。

以下几点启示值得借鉴。

（1）认真贯彻落实《国务院办公厅关于深化产教融合的若干意见》，

解放思想、更新观念是开展校企合作的前提，尤其是在山西警官职业学院这样以文科为主的高职院校搞安防技术专业，必须秉持现代职业教育的办学观、教学观、管理观，使学校办学与经济社会发展、用人企业需求相融合，必须高度重视校企合作，加强组织领导、统筹协调，为校企合作提供强有力的支持与保障。

（2）深化协同育人，提升"双主体"人才培养水平。建立产教联盟集团，积极推进校企协同育人，实行双主体模式办学，校企共同制订人才培养方案、共同开发课程与教材等教学资源、共同实施教学、共同组织考核考评，促进专业与职位、课程与岗位、教学过程与生产过程、顶岗实习与对口就业的有效衔接，推动"政府主导、校企双主体"的育人任务和机制深度落实和形成。

（3）因地制宜，直面问题，积极探索，开创校企合作新局面。我国安防行业的发展正处于快速发展与转型升级的阶段，对安防技术人才的数量和质量提出了新的要求，为产教融合、校企合作提供了广阔的空间，但也存在一些问题，如安防技术专业自身发展规模不大，实力不强，对企业的吸引力不大；政府主导不到位，政府为企业提供的政策、资金和法律保障还没有落到实处，政府对校企合作的支持力度还比较弱；企业负担较重，参与校企合作的积极性不高，更缺乏资金进行实践性教学研究、培训师资和补助从事实践性教学工作的技术骨干，校企合作特别是校企深度合作还面临一些新的困难和问题，这些都要求我们积极探索，深化职业教育改革，发挥企业主体作用，全面推行校企协同育人的模式，开创校企合作新局面。

实践证明，离开了与企业的合作，离开了与行业的联系与沟通，学院的办学就成了闭门造车，故步自封。安防系之所以发展较快，学生适应市场，主要得益于与一线安防企业的合作，今后要想更快发展，更要以开放的心态加强与山西省甚至全国安防企业、行业、监所的深度合作，积极探索合作办学、订单培养、定向培养的校企合作、校监合作新模式。

—— 北京政法职业学院安全防范技术专业
校企合作案例①

一、学校简介

北京政法职业学院是经北京市人民政府批准、教育部备案的公办全日制普通高等职业院校，隶属于中共北京市委政法委。学院 1982 年建立，目前为北京市示范性高等职业院校。学院设有中共北京市委政法委党校，承办北京政法网；不仅是北京市高级人民法院和北京市人民检察院指定的司法辅助人才（法官和检察官、书记员、法警等）培养基地，也是首都司法干警培训基地。在办学过程中，学院坚持立足北京、服务政法、服务社会的办学宗旨，以更新教育理念为先导，以改革创新为动力，强化内涵、质量建设，突出立德明法、重能强技人才培养特色，在培养司法辅助、基层法律实务和中高层次安保等高素质应用型人才方面取得了显著成就。建校以来，学院已为政法行业和社会输送了三万多名合格毕业生。

学院现设有社会法律工作系、安全防范系、应用法律系、经贸法律系、信息技术系、基础部等五系一部，开办 24 个专业，全日制在校生

---

① 本案例被评为全国安防职业教育联盟"产教融合·校企合作"典型案例三等奖。作者：孔庆仪，北京政法职业学院安防专业教研室主任。海南，北京政法职业学院安全防范系副主任。

4000 人。目前有市级优秀专业教学团队和创新团队 5 个，市级教学名师、专业带头人、特聘行业专家、优秀青年骨干教师等 45 人；中央和北京市重点支持建设专业 5 个；中央和北京市重点支持建设实训基地 5 个；国家级职业教育法律文秘专业教学资源库立项建设项目 1 个；国家及省部级精品课程 9 门；国家及省部级优秀教学成果奖 13 项。近五年来，学生获得国家职业技能大赛奖 10 余项、省部级及全国行业职业技能大赛奖 200 余项。学院多次承担国家社科基金项目，以及全国人大法工委、中央政法委、中国法学会、司法部、北京市委政法委、北京市法学会等单位的多类型科研项目，在应用法律研究方面取得了丰硕成果。

二、系部、专业群介绍

安全防范系的前身为北京市第三人民警察学校，现有在校生 752 人。教职工 39 人，其中专任教师 29 人，全部为"双师"素质教师，副高级以上职称占比 44%，基于国内安全保卫专业和安全防范技术专业、消防工程技术专业的学科基础相邻或相近、产业链联系紧密、职业岗位群相通等特点，构建打造了以特色专业"国内安全保卫"为龙头，以支撑专业"安全防范技术"和"消防工程技术"为两翼的安保专业群。该专业群于 2019 年被评为北京市首批特色高水平骨干专业，被教育部创新行动计划认定为重点专业群，也是学院特色品牌专业群之一。

该专业群办学特色突出，示范作用显著，服务社会能力强。先后参加北京市职业教育分级制改革、北京市专业与产业契合度专项指定专业等改革项目、首个全国安保专业国际合作办学项目，为引领安保职教深化改革、构建现代安保职业教育体系、创新安保职业教育新模式做出了积极探索，先后获得国家级教育教学成果奖二等奖 1 项、司法部职业教育教学成果奖一等奖 1 项、北京市职业教育教学成果奖二等奖 4 项。陆续接待全国二十余所司法类院校、一百余家企业 1000 余人次的学习交流与考察、培训。

安全防范技术专业（以下简称安防专业）创建于 2009 年，它以服务于首都构建立体化社会治安防控体系为目标，培养符合京津冀地区安防行业需要的专业化技术型人才。该专业有专职教师 5 人，他们曾多次带领学生参加国家级、市级职业技能竞赛并取得优异成绩。安防专业积极开展教学改革和课程开发，现有司法部精品课两门，北京市特聘职教专家项目一项，还有 800 平方米一体化专业校内综合实训基地。

三、专业开展"产教融合·校企合作"整体情况

安防专业紧密围绕首都四个中心定位以及首善之都、平安城市、雪亮工程等城市管理和社会建设，立足首都构建立体化治安防控体系，满足安防产业链对安全防范技术人员的岗位群需求。安防专业从行业企业需求出发，以学习者为中心，深化校企合作，与北京欣卓越技术开发有限责任公司为代表的合作伙伴经过十余年的磨合，不断探索、实践与创新，在人才培养目标动态调整、课程体系构建、实训基地建设、顶岗实习与就业等方面成效显著。为顺应首都安防产业调整与升级需要，安防专业不断调整人才培养方向，专业结构与产业结构、毕业生流向与产业人才需求的契合度较高，为首都安防产业链培养了一批高素质技能型安防专业人才，提供了人才支撑和智力支持。

四、典型校、企合作项目

校、企合作项目名称：双"小"携手共建安防人才摇篮。一个"小"是指安防专业在全国高职中的规模，全国仅有 20 所院校开设此专业；另一个"小"是指企业规模，合作企业是小型民营企业，主要业务为工程集成类，在北京市安防行业内具有代表性。

校、企合作项目内容：北京欣卓越技术开发有限责任公司（以下简称欣卓越公司）与学院安全防范技术专业从 2008 年专业申报调研和专家论证起便建立了联系，2010 年正式签订校、企合作框架协议，十余年间双方以育人为本，互信互助，围绕专业建设和人才培养的各个方面不断探索

和创新合作路径，合作效果显著，在课程体系改革、教师队伍建设、实训基地建设、实习就业等方面尤为突出。

五、合作方介绍

北京欣卓越技术开发有限责任公司 1999 年正式成立，在不断发展的过程中开创了针对多行业个性化设计和标准化实施相结合的发展途径。从最早从事单一安防系统产品开发、生产、工程施工服务的公司，向优质的系统服务商、专业的运营商，以及智能化、网络化和数字化信息系统"一站式"解决方案定制提供商发展，迅速成长和崛起为 IT 领域多行业跨越发展的高科技公司。在公司发展的二十余年里，欣卓越公司凭借技术研发优势，以科学的经营理念，一直致力于政府、学校、银行、医疗、军工、文博等行业，并不断探索寻求在各个领域中纵横协调发展。其合理的价格体系及良好的售后服务，赢得了广大用户的信赖，被评为国家级高新技术企业，并连续获得 AAA 诚信企业、平安城市建设推荐优秀安防工程企业、用户满意企业、科技创新企业等荣誉，成为环渤海地区安防系统集成 30 强、诚信体系建设单位，同时也是北京安防协会副理事长单位、中国安全防范产品行业协会理事单位。

公司一直注重人才培养，追求自主研发，建立了强大的自主研发团队，取得了实用新型专利、计算机软件著作权等数十项自主知识产权，经北京市知识产权局核定为专利试点单位。公司构筑了以软硬件定制研发为依托，以行业定制解决方案为核心，以运营维护服务为支撑的发展格局，走上了一条独特的高科技企业发展之路。

六、合作过程及内容

(一) 不忘初心，为共同愿景携手前进

学院安防系在 2008 年安防技术专业筹建之初，对行业现状了解不充

分、人才定位不够清晰，课程体系不完善，师资不足……面对专业申报的各种问题和起步的各种困难，欣卓越公司董事长屠连生以企业家的强烈社会责任感和宽大的胸怀，带领公司团队毫不保留地提供专业建议和丰富的信息。2010 年双方正式签订校、企合作协议，从此，校、企之间结下不解之缘，十余年间风雨同舟，都秉承着服务于维护首都平安的初心，在职业教育领域内校、企合作模式不断探索发展的背景下，在产业不断深化调整和升级的环境下，以育人为己任，依托于安保专业群职教联盟，共同探索校、企合作的模式和形式，开展了各类合作项目，成为联合培养安防行业所需人才的"孵化器"。

（二）与时俱进，共同研究人才培养方案

校、企合作十多年间，正是安防行业从高速发展跨入高质量发展的重要时期，从模拟化到数字化、网络化，再到人工智能和大数据时代，随着产业调整，安防人才的要求也在不断调整，势必要求专业人才培养方案的不断完善。校、企之间形成稳定的互联机制，每年定期召开 1～2 次人才培养研讨会，不定期地进行企业走访调研。欣卓越公司充分发挥企业的优势，结合首都安防行业发展动态，专业分析岗位群和职业能力标准，对人才培养的方向和目标提出建议，对课程体系的改革提出了符合行业和市场需求的建议。例如目前开设的"安防网络技术与安全""安防系统集成编程语言""安防系统集成设计"等课程，就是在行业专家和骨干技术人员的提议和充分论证下开设的。

（三）师资共享，打造能教会干的全面型团队

欣卓越公司选派资深企业经理人和工程师与校内教师团队共建专业标准，研发课程体系，开发课程标准，开展教研活动，互相交流教学方法和实践经验，师资互融，打造出一支能教会战的师资团队。

从专业建设之初面临专业教师转型学习、岗位挂职锻炼、专业知识更迭等问题起，校内教师团队的建立与完善就得到企业无私的支持。专业建立以来，欣卓越公司成为专业教师的"培训基地"，专业教师全员

去欣卓越公司挂职，并且人均挂职锻炼一年以上，挂职期间轮岗位、跟项目，丰富实践经验。

企业董事长屠连生成为专业的特聘专家，每年为学生开设"企业家课堂"，为新生入学做职业生涯规划的重要一课。此外企业以外聘兼职教师的形式多次选派一线工程师来校兼课。先后开发"视频监控系统原理与应用""安防系统集成设计""出入口控制系统原理与应用"等课程，累计授课达到288学时。课程标准与职业能力对接，课程内容与岗位项目结合，充分发挥了一线工程师的优势。

(四) 不断创新，共建校内实训基地

安防专业建立以来，为配合学院整体规划，符合产业调整升级的需要，专业实训场所经历了两次新建、两次整体搬迁、一次全面升级，在不断打磨中逐渐建立和完善了教学做训评一体化的校内实践教学基地。在这个过程中，欣卓越公司从行业发展和市场更迭的角度出发，从校内教师实践教学特点出发，双方联合形成建设团队，严格遵循采购要求，依照行业规范，反复调研、设计、论证，建成具有实用性、前瞻性和先进性的实践场所。2011年合作开发模拟视频监控实训台；2015年在学院新校园整体搬迁时，系部整体规划建设了安全专业群校内实训基地，其中与欣卓越公司合作建成以数字技术为主的视频监控系统实训室、入侵报警系统实训室、出入口控制系统实训室，为三大核心课程提供了坚实的保障。

(五) 倾力育人，打造安防人才摇篮

多年以来，校、企合作环节中最为困难的就是拥有稳定的校外实习基地和优质的就业单位。安防专业建立以来，依托于专业群的职教联盟平台，完全破解了这一难题，并且形成独具专业特点的校外实习基地群，欣卓越公司是其中的领军人。在专业建设的过程中，随着高等职业教育的发展，在政策的指导下，校、企双方不断去探索各种实践教学的模式，比如认知性实习、跟岗性实习、就业性顶岗实习，企业社会责任在前，利益在后，对独立实践教学给予全方位的支持。专业为企业提供了稳定的人才储

备，企业成为学生走入社会前的职业课堂。校企双主体育人，为行业培养了多位技术能手和职业经理，堪称安防人才摇篮。

（六）共克时艰，合力打破发展壁垒

2018年，首都地域和教育环境的特点，给安防专业的招生带来了不小的困境，给专业的发展带来了危机和挑战。在这种情况下，企业及时伸出援手，为专业出谋划策，主动提供了"AI＋安防"的人才培养思路，并且分享了培养人工智能能力完整的方案和课程体系，引入百度品牌资源，为专业人才培养目标和标准找到了突破口，形成了人工智能落地安防的人才培养方向，拓展了就业的平台。同时企业和专业组成了招生团队，全程参与，自行制作了招生宣传资料，共参加了5场招生宣传会。在企业助力下，招生工作顺利进行，也使我们安防专业走出招生低谷，为专业的持续性发展注入了活力。

七、合作成效

小众专业面临招生紧张的形势，小型企业面临市场激烈竞争。因而需要双"小"携手，共同确定合作方向，找准市场定位，优势互补，实现双赢。

（一）校企协同发展达"双赢"

通过全面的合作，校企合作开展以来，双方无论是经济效益还是社会效益都得到了提升。

一是建设实训基地，提升经济效益。欣卓越公司业务以教育领域为主，在北京市教育领域有突出的市场优势，通过校企合作建成具有实用性、先进性实训基地，为学生提供实践教学保障的同时，通过开展社会培训项目，校企双方经济效益都得到提升。

二是校企合作，提高社会效应。通过校企合作，借助于学院在区域内行业、企业的知名度和影响力，进一步扩大了公司的社会知名度，从而带

动了公司经济效益的提升。与此同时，订单培养方式也进一步丰富了安保专业群的专业方向，提升了社会美誉度，取得了良好的招生效果，保证了稳定专业的办学规模。

（二）校企双育人成效显著

校、企双方以育人为本，企业获得稳定的人才储备，学生获得优质的实践就业机会。从 2009 级首届学生至今，欣卓越公司累计接收实习生 350 余人次，占专业学生总数的三分之一。其中认识性、跟岗性实习 280 余人次，顶岗实习 70 人次，接收就业毕业生 22 人次。目前行业内从业的同学都成长为项目经理和技术骨干，成为首都安防行业的实践者和生力军。

八、经验与启示

（一）合作案例对工程集成、运营服务市场占主体的地区有借鉴价值

合作案例能够代表工程集成、报警服务市场环境下校-企合作的普遍模式。北京地区安防工程和集成商在地区行业企业中数量占比较大，整体上形成了"集成中心"的态势。根据《北京市安全防范行业发展白皮书（2019）》中统计，北京安防行业协会 940 家会员单位中，工程集成占83.9%，报警运营服务占 19.3%。综合行业分析，技术技能型人才的需求也是占行业人才需求的主体。工程、集成、运营类企业规模都不大，用人需求有限，并且对于高职校企合作具备的条件相对局限，比如在技术创新、科学研究等方面合作较少，主要集中在案例中所体现的合作内容。此案例具有可借鉴性。

（二）存在问题

1. 合作机制还不够完善

案例中，合作的深度和广度都比较充分，从实质上做到了"校、企双

育人"，但是缺少合作机制体制的规范，更多是"摸着石头过河"。仅签订框架协议，缺少建章立制，未形成规范化的合作标准，也缺少科学规划合作发展的目标。

2. 行业特性的决定，难以开展灵活的工学交替活动

工程集成项目的特点是周期性和不确定性，项目周期和教学安排难以匹配，因此很难切实开展稳定模式的跟岗实习，对人才培养效果产生了一定的不利影响。

（三）发展思路

1. 完善校企合作机制体制，实现可持续发展

在技术的不断更迭中，安防行业进入了人工智能新时代，产业结构和市场需求不断发生着变化，人才要求也不断升级。双方在现有成熟的合作基础上，建立完善的校、企合作机制体制，立足行业发展，制定发展性合作战略方向和实施细则，通过有效的合作机制，实现合作共赢和可持续发展。

2. 深化工学一体理念，探索校、企共赢机制

从行业企业实际需求出发，对应安防岗位群的职业特点和工作规律，在人才培养方案中设计灵活的教学计划，建立满足职业能力培养的工学交替模式，真正重视学生本位和企业利益，为专业人才培养提供教学保障。

基于四位一体产教融合模式的校企合作典型经验介绍[①]

一、学校简介

浙江安防职业技术学院是经教育部批准建立的公办全日制高等职业技术学院，由温州市人民政府联合浙江省公安厅和公安部第一研究所创办，是浙江省省内唯一一所重点培养具有安防科技应用与推广能力，能够从事公共安全管理、安防工程建设、民航安全管理等高素质技术技能人才的高职院校。现设有公共安全管理、安全技术与管理、安全防范技术、物联网应用技术、工程安全评价与监理、工程造价、消防工程技术、工业设计（信息交互设计方向）、室内艺术设计、空中乘务、大数据应用技术、民航安全技术与管理等 14 个特色专业。其中，安全防范技术、消防工程技术、工业设计等专业为浙江省特色专业，物联网应用技术专业为国家现代学徒制试点专业、温州市重点专业，大数据应用技术专业为温州市特色专业。

---

① 本案例被评为全国安防职业教育联盟"产教融合·校企合作"典型案例三等奖。作者：苏志贤，浙江安防职业技术学院信息工程系教师。

二、系、专业（群）简介

学院现有安全管理系和信息工程系，设有 14 个专业，分布在 10 个专业类别之中。其中，电子信息类专业 3 个，安全类、航空运输类专业各 2 个，其他每个专业类各 1 个。从现有的专业结构来看，学院的专业布局呈现出"小、散"的特点，不利于专业集群建设。见表 1。

表 1　现有专业一览表

序号	所在系	专业类别	专业名称	专业代码	设置年份
1	安全管理系	公安管理类	公共安全管理	680108	2013
2		机械设计制造类	工业设计	560118	2015
3		建设工程管理类	工程造价	540502	2016
4		安全类	安全技术与管理	520904	2017
5		航空运输类	空中乘务	600405	2017
6		艺术设计类	室内艺术设计	650109	2017
7		航空运输类	民航安全技术管理	600406	2018
8		电子信息类	电子产品营销与服务专业	610109	2019
9	信息工程系	司法技术类	安全防范技术	680702	2014
10		建筑设备类	消防工程技术	540406	2014
11		电子信息类	物联网应用技术	610119	2014
12		安全类	工程安全评价与监理	520905	2017
13		电子信息类	大数据技术与应用	610215	2018
14		装备制造类	无人机应用技术	560610	2019

学院后续的专业发展主要对接省市优势产业，立足学院办学特色，探索专业错位发展，2021 年达到 18~20 个专业，逐步形成特色专业群。以优势特色专业为核心，引领群内其他专业同步建设，进而推动四大特色专

业群——电子信息类专业群、航空航天类专业群、艺术设计类专业群、安全应急类专业群——的建设，更好地满足区域经济社会发展需要，使学院人才培养服务于社会发展，既体现学院高职教育的区域性，又展现学院办学的独特性。

三、打造"四位一体"特色产业学院，深化产教融合，创新人才培养

深化产教融合，加强校企合作是现代职业教育发展的总体趋势，也是国家职业教育发展的战略。随着《国家职业教育改革实施方案》的出台，全国各地高职院校开展了形式多样的产教融合模式探索，其中，"校政会企"共建产业学院是目前主流的方向。

（一）产业学院要加强动力机制建设

强化企业的利益驱动，打造校政会企"四位一体"特色产业学院。要改变"校热企冷"的窘境，激发企业参与产教融合的活力，则要"投其所好"，建立校政会企"利益共同体"。当前企业所需的高素质、创新型、技术技能型人才存在较大的缺口，为培养满足企业所需的人才类型：首先，要提升企业在产业学院中的地位。企业充分享有管理权、监督权、评价权，从而改变高校在人才培养中的一元主导地位，以利于形成校企协同育人的良性机制。其次，要建立企业优先选才的制度。企业参与育人的目的是丰富自身的人才资源，推动企业快速发展。所以，高校为吸引企业的参与，应出台企业优先选才的相关操作细则，能让参与产业学院建设的企业选择自己所需的人才，能优先获得优秀的学生生源。最后，要保障协调四方的利益。应在秉持"互惠互利、合作共赢"原则的基础上，根据合作进程不断调整，形成符合实际情况的融合方案，政府可以制定相应的激励政策，如税收优惠政策，以弥补企业因参与生产和教育所造成的支出成本，同时培育好的

企业或产业对地方的发展也会有非常大的贡献。行业协会在产教融合的进程中发挥协调各方资源的作用，同时促进高校和企业形成项目共同体，共同推进市场项目的落地，只有这样，校政会企四方的利益都能得到有力的保障，见图1。

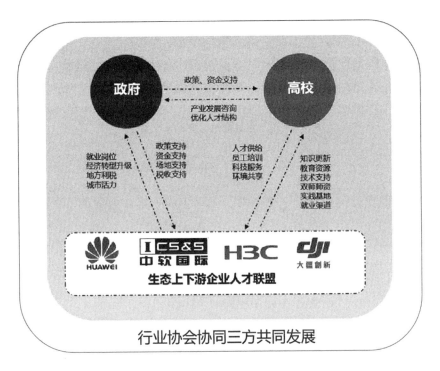

图1　"校政会企"四方利益共同体

(二) 数字产业学院要深化育人内涵建设

1. 基于书证融通的专业课程设置

鉴于安防行业的技术特点，在设置专业课程时，要充分发挥专业指导委员会的作用，充分发挥委员会中企业代表、行业组织代表的作用，加强走访调研，如：通过地方政府部门，了解区域产业发展情况；深入企业，把握企业的岗位现状及用人需求。专业课程的设置要结合产业发展方向和区域经济特色，把行业认证证书和职业技能证书融入课程培养之中，提升学生的实践能力、专业能力和创新能力，以便更好地服务区域经济，促进产业发展。（见图 2。）

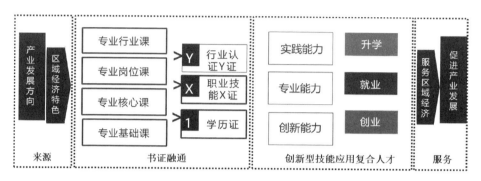

图 2　基于书证融通的专业课程设置

2. 校企共同开发教材，对接行业职业标准

基于职业标准，以就业为导向，以学生能力培养为重点，围绕职业标准和企业实际岗位工作要求，以"综合素质拓展""实际技能训练""知识应用"等模块化内容为共建教材的基本纲要，课程教学资源可由企业提供，在教材编写方面，邀请企业专家、企业技术人员参与，其中一些实践指导类的教材还可让企业人员主导编写。

3. 校企共培师资，对接企业专家

为解决目前教师队伍中"重学历轻能力""重理论轻实践""重学术轻技术"的现象，提高教师的专业实践能力，打造"双师型"队伍，可采用"外引内培"的方式。首先，完善聘任制度。例如，实行弹性的人才引进政策，对企业高级工程师解决其事业编制的身份，在校主要承担的任务是培养青年骨干教师，大部分时间参与企业的项目开发，企业给予额外的报酬，解决高技能人才因薪资而不能很好地安心落地的问题，以激励这些教师的积极性和主动性。其次，构建多种培训体系，提高教师的实践能力。其中，针对教师实践能力的培训可采取多种方式。校内的培训方式有：校外企业专家开设的主题讲座，实践技能教师教学比赛，"导师制"（让校内有行业、企业工作经验的教师指导青年教师），等等。校外的培训有国培、

区培、企业轮岗等，其中企业轮岗是比较常用且有效的方式。要求教师必须进行一定年限的企业轮岗培训，培训内容主要由企业负责，学校要与企业保持经常性联系，及时跟踪教师的培养过程。培训结束后，由高校和企业开展考评，考评结果与职称评定、奖（激）励政策挂钩。

(三) 产业学院要深化基地运行机制

完善组织建设，产业学院的发展才会有保障。有了实际的管理载体，会更加有利于产教融合的深度化进行。良好的机构设置体系是，"校政会企"成立产业学院合作理事会，根据产业链需求，组建产业学院。产业学院下设秘书处及专业发展工作组、产学合作工作组、团队建设工作组三个专项工作组（图3）。秘书处负责统筹产业学院行政及教学事务，专项工作组负责落实具体工作，并结合企业发展实际，为产业学院的发展规划、专业设置、教学管理、实习就业等工作出谋划策，支持高校和企业共同开展教育和科研工作。产业学院的合作关键在于提高融合度，通过该平台共育人才、共建基地、共研项目、共享成果、实现多方联动、良性协同发展。

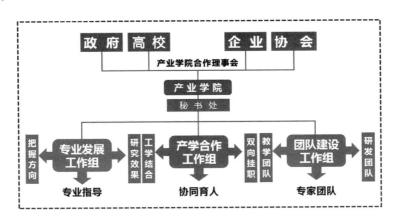

图 3 产业学院组织架构

浙江安防职业技术学院整合自身优势，实现专业对接产业，主动融入温州产业转型升级，整合政府部门、行业协会、地方商会、企事业用人单位、科研机构、高校等各种资源，开展多部门协同合作的"产学研创一体化"实践，挂牌成立"大学生创业园"。积极践行高职院校的社会服务职能，学院安全防范技术专业依托公安部第一研究所的联合办学优势，设立"国家安全防范报警系统产品质量监督检验中心温州工作站"，服务于华东区域的安防企业，提升学院在安防行业内的知名度；依托安防主流企业（海康威视、宇视科技、大华股份），建立"宇视科技安防技术学院"，结合企业技术培训中心的特色（宇视科技），建立定期的企业导师作为学院兼职教师的保障机制；加强与温州市安监局、北京翔宇通用航空有限公司、新华三集团等单位的合作。深化产教融合，"共定方案、共建基地、共同培养、共享成果"的"四共育人模式"，培养社会急需的人才，做好社会服务工作。同时，学院成立"温州市应急管理学院""温州市退役军人学院"，为温州的社会稳定做出应有的努力与贡献。

四、校企合作成效

（一）共建基地有增长

浙江安防职业技术学院深化校企合作，携手企业共建模拟客舱实训室、安防智能维保数据中心和特种作业实训中心等 3 个校内实践教学基地。

共建模拟客舱实训室。2018 年 11 月，学院与北京翔宇通用航空有限公司（以下简称翔宇航空）共建模拟客舱实训室，翔宇航空投入 70 余万元建设资金，模拟客舱实训室按照民用航空机舱原型设计，主要担负对乘务人员进行客舱服务、紧急处置和安全意识等方面训练任务，具有客舱设备理论学习、客舱安全理论学习、客舱服务技能训练等十几项主要功能。为开展客舱服务与管理、客舱安全管理、民航乘务英语等课程的场景教学和实训教学提供了真实场景。航空服务体系的教学实训工作更加具有情境表现及感受能力，将学科的实践体验提升到最真实的层次，并且使"教、学、练"更加方便有效，可以真正实现"教、学、练"的一体化发展。

共建安防智能维保数据中心。2018 年 12 月，学院与温州科达智能系统工程有限公司共创安防学院众创空间暨安防智能维保数据中心（简称"数据维保中心"），学院财政经费投入四十余万元，企业投入近两百万元，2019 年正式建成。该中心以展示智能维保维修服务管理系统为基础，进行系统检测、人工智能等关键技术的展示，同时进行研发工作，企业工程师和学院教师共同参与研发，不断巩固和提升技术实力。数据维保中心和温州市公安局共同打造温州市"雪亮工程"智能运维平台，实现对城市视频监控系统及其基础支撑运行环境的可视、可控、可管理；提高摄像头的在线率，全面提高资源综合利用率，实现对全网设备"全天候、全过程、全方位"的集中监控、集中展现、集中维护、集中考核统计，保证城市视频监控系统能够发挥最大效益。智能数据维保中心为安全防范技术、物联网应用技术专业提供了实践场所。

共建特种作业实训中心。2019 年 6 月，学院与浙江中环检测科技股份有限公司共建温州安全生产教育培训基地——特种作业实训中心，建筑面积约 660 平方米，总投资 260 万元，它是浙江安防职业技术学院示范性校企共建实训中心。该中心始终坚持以安全生产技术领域应用型人才培养为目标的实训理念，大力推行工学结合，通过"教、学、做"一体化教学，突出学生综合素质、实践能力和职业道德的培养。特种作业实训中心以服务地方、辐射周边产业安全发展为宗旨，逐步打造成为融实践教学、职业素质培养、职业资格培训、师资培训、科研开发、技能鉴定、社会服务等于一体的公共综合实践教学中心。该中心可分类分级举办安全生产专项培训，截至目前，对内开展学生实训 1000 余人次，对外开展社会培训 500 余人次。

（二）订单培养有特色

学院积极开展校企合作育人，分别与浙江宇视科技有限公司、新华三集团、上海水晶石教育科技有限公司、北京西普阳光教育科技股份有限公司和杭州洪铭通信技术有限公司等企业合作，新增特色订单培养班 13 个，共计 527 人，近三分之一的学生为订单班培养。

五、经验与启示

以产业需求为依据建设跨类别专业群不仅更好地满足了产业转型升级对人才的要求，而且提高了专业建设服务地方产业发展的能力。通过产业学院建设，主要有以下三点启示。

(一) 专业链必须契合产业链发展需求

产业链发展的动态变化决定了我们人才培养的需求和起点。只有做实"专业链＋产业链"，专业建设才能真正做到适应产业发展、服务产业发展、提升和引领产业发展。

(二) 产教融合必须考虑多方受益情况

在产教融合实施过程中，既要争取政府政策的扶持、行业企业和社会力量支持，又要考虑到学校的核心利益，特别是要考虑通过合作给学生、教师能带来什么。此外，各方在关注本身能够获取什么的同时，也要关注己方能够为对方所带来的直接或者间接利益。

(三) 产教融合必须将专业内涵建设落到实处

如何才能更好地将高职院校专业建设的开放性、多样性等特点发挥得更加充分，在校企合作、产教融合过程中形成独特的专业特色，需要突破传统体制机制的束缚，跳出传统思维，整合校企资源，制定激励机制，创新教学模式和人才培养模式，以此将专业内涵建设落到实处。

校企合作同发展　产教融合共命运

——山东司法警官职业学院安全防范技术专业
校企合作案例分析①

一、学校简介

山东司法警官职业学院是山东省唯一的一所警察类高等职业院校，始建于 1982 年，前身为山东省法律学校，2006 年升格为职业学院，2009 年被中央政法委、中组部、司法部等确定为政法干警招录培养体制改革试点院校。

学院现有济南燕山、章丘明水两个校区，共占地 550 亩。功能上，济南燕山校区主要用于干部教育培训，章丘明水校区主要用于学历教育。学院设有法律实务系、警务系、公共安全系、警务实战技能教研部、公共基础教研部、继续教育部等 6 个教学系部。学院建有法律类、警务类、安全技术类等 3 个专业群，共 11 个专业。司法类 8 个国控专业，学院已开设 6 个。学院建有模拟法庭、模拟调解庭、教育矫治实训室、安全防范监控室、速录室、功力训练场、障碍训练场、警体馆等校内实训场所；在山东省人民检察院法警总队、济南市中级人民法院、山

---

① 本案例被评为全国安防职业教育联盟"产教融合·校企合作"典型案例三等奖。作者：尹辉，山东司法警官职业学院计算机应用专业副教授，山东省教育科学研究所兼职研究员。

东省女子监狱、济南市公安局交警支队、青岛市公安局城阳分局等单位设有 69 个校外实习、就业一体化基地。毕业生就业率稳定保持在 94％以上，毕业生自考本科通过率和对口就业率逐年提升，就业地域覆盖山东、河北、甘肃、黑龙江、吉林、辽宁等 10 余个省份。

二、公共安全系简介

安全防范技术专业隶属于公共安全系。目前公共安全系有 5 个专业，司法信息技术专业、安全防范技术专业、司法信息安全专业、大数据技术与应用专业、行政执行专业，其中司法信息技术专业、安全防范技术专业、司法信息安全专业、大数据技术与应用专业构成司法技术类专业群。公共安全系拥有一支教学水平较高、科研能力较强、结构合理的"双师"型教师队伍。现有专职教师 22 人，其中，副教授 6 人，讲师 10 人，助教 6 人。另有产业教授 2 人。具有硕士学位的教师占教师总数的 95％。具有企业经验的兼职教师 25 人。目前全系共有在校学生 1100 余人，其中安全防范技术专业在校生 413 人，安全防范技术专业航空方向 318 人。

公共安全系建有监所信息技术综合实训室、信息安全综合实训室、安全防范技术实训室、大数据技术应用实训室、计算机系统维护实训室、计算机基础实训室等实验实训教学设施。

三、专业开展"产教融合，校企合作"整体情况

安全防范技术专业自 2018 年开始开展校企合作，其主要分为两部分：安全防范技术专业和安全防范技术专业（航空方向）。

（一）安全防范技术专业校企合作情况

安全防范技术专业主要面向安防行业、安防技术岗位进行技术性人才培养。学生就业岗位主要有安防系统运维岗，安防产品销售、研发、售后服务岗。主要合作企业有北京中标华安信息技术有限公司、浙江宇视科技

有限公司、山东空管无人机培训中心等。

（1）2018 年 4 月，与北京中标华安信息技术有限公司开展校企共建，为期三年，联合办学，共同招生。2018 年招生 38 人，2019 年招生 56 人，2020 年计划招生 100 人，见表 1。（另见图 1。）

表 1

	2018 级	2019 级	2020 级（计划）
安全防范技术专业	38 人	56 人	100 人
安全防范技术专业（航空方向）	120 人	198 人	200 人

图 1

中标软件有限公司受国家 Linux 技术培训与推广中心的委托，遴选出教学、科研、师资力量雄厚的高校，与之共同创建中标麒麟教育学院。中标软件有限公司委托北京中标华安信息技术有限公司开展中标麒麟教育学院相关业务。中标软件有限公司由一批从事 IT 教育的资深业内人士组成，致力于包括国产 Linux 操作系统在内的国产基础软件，以及行业国产应用软件的设计、开发、测试、迁移等相关中高端人才培养和培训。

（2）2017 年起，安全防范技术专业与浙江宇视科技有限公司（山东分公司）建立合作关系，共同培养企业需要的应用型人才。企业派遣一线工程师进校园，对学生进行实践技能培训，并每年择优录取部分毕业生。宇视科技在中国 31 个省份/地市设立了办事机构，为客户提供近距离高品质的服务，为合作伙伴提供高效优质的支持。秉承华三公司 IP 监控方案在城域联网、大型园区、广域场所、智能楼宇等领域的领先优势，宇视科技的产品及解决方案已广泛应用于公安、政府、企业园区、智能交通、地铁、校园、高端智能建筑等各个领域。（另见图2。）

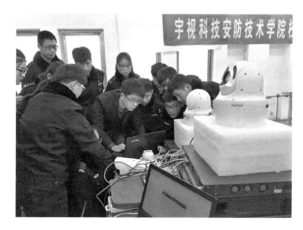

图 2

（3）2019年，安全防范技术专业与山东空管无人机培训中心建立关系，共同培养学生无人机驾驶技能，共同申报无人机驾驶员1＋X技能等级证书等。目前，无人机在安防领域中的应用越来越广，安防技术对无人机技术的需求也越来越大。山东空管无人机培训中心隶属济南空港管理咨询服务有限公司，是中国航空器拥有者及驾驶员协会（AOPA）认可的培训机构。培训中心集无人机培训、服务、销售于一体，具有丰富的无人机行业应用经验，能为学员提供专业的指导，帮助学员顺利取得无人机驾驶员合格证。培训中心有高标准的模拟机教室，专业的室内、室外训练场地，并且由经验丰富的民航从业人员担任理论和实践飞行教员。（另见图3。）

图 3

（二）安全防范技术专业（航空方向）合作情况

安全防范技术专业（航空方向）主要面向航空公司进行空中乘务岗位和空中安保岗位人才的培养。学生就业岗位主要有空中乘务岗、空中安保岗、地勤服务岗等。主要合作企业为北京圣辅国际教育科技有限公司。

2018年开始，该专业与北京圣辅国际教育科技有限公司合作。采用定向订单培养方式，学生入校后即可签订百分之百就业协议，做到招生、培养、实习、就业一体化的深度校企合作（另见图4）。2018年安全防范技术（航空方向）招生120人，2019年198人，共318人（见表1）。北京圣辅国际教育科技有限公司是一个专门从事教育投资运营、产品研发、教育培训管理咨询、教育业务服务的提供商（企业），企业与航空公司等用人单位建立了稳定畅通的就业渠道，并签订了"订单定向培养协议"。

图4

四、校企合作具体项目

（一）安全防范技术专业具体的校企合作项目

1. 与北京中标华安信息技术有限公司合作项目

（1）校企双方联合招生，根据企业需求，确定招生数量，并共同制定招生简章。

对新入学学生进行企业宣讲，学生入学后，签署三方协议，明确各方权利和义务。按照校企双主体育人的专业共建模式，企业老师参与课堂授课、学生实训和学生实习（以下简称习训），按照企业用人所需进行专业技能培养。自2017级以后各年级通过企业考核的学生，企业方百分之百推荐学生实习、工作。

（2）充分发挥双方资源优势，适应市场发展需求，为企业培养具有良好职业素质及较强操作技能的应用型人才。

根据用人标准，由校企双方共同培养，专业共建，多方考核，共同制定人才培养方案、专业教学计划及课程标准，企业设置教学课程，校企共同开发课程。企业开设实训课程和实践课程，并负责学生实习工作和就业。

（3）推进专业改革，建设一流专业。

健全专业建设组织，成立学术委员会和教学工作委员会，定期召开专题会议，研究和指导专业建设和改革（另见图5）。

（4）共同申报省级科研课题2项，共同参加山东省新一代信息技术技能大赛并获得一等奖一项和三等奖一项，共同组织参加山东省职业院校技能大赛，并获得二等奖（另见图6）。

（5）开展课程改革，构建对接岗位的课程体系。

根据企业的岗位能力需求，深入安防技术工程师岗位和网络工程师岗位工作流程，修订专业人才培养方案，初步建立了基于企业需求的课程体

图 5

图 6

系和课程标准。坚持"理念引领、试点先行、能力导向、强化应用"原则，持续推进课程教学范式综合改革，支持教师扩展课程边界，改革教学内容，强化课程实践，实现"知识传递—综合应用—拓展创造"的梯次课程教学目标，发挥课程在建构学生的知识、能力、素质中的作用。共同建设省级精品资源共享课程 2 门，拍摄微课、慕课和实训视频，建设优质教学资源，整体提升校企专兼职教师课程建设水平。

（6）深化教学模式改革，构建有效课堂。

完善人才培养方案，不断探索应用型创新人才培养模式。不断完善实践教学体系，强化实践实训环节，建立"产教研相结合、教学做一体化"

的应用型创新人才培养范式，实现校企、校校合作的全程对接（另见图7）。积极试行情境化教学和案例教学，搭建企业、行业和学院三方共筹、共建、共完善维护的"产、学、研"平台，为情境化教学、案例教学提供支持。大力推行"教、学、做"合一，根据培养目标和课程教学目标，教师边教边做，学生边做边学，逐人逐项过关，积极推行双证制，提高毕业生获取资格证比例。积极运用多媒体、网上课堂等现代化教学手段进行教学，实现了对学生学习的过程性评价和综合性评价。

图 7

（7）妥善安排学生实习就业。

在企业顶岗实习期间，校企双方全程全方位对学生进行指导和管理。企业为学生配备了导师，由各部门经理担任，主要对学生进行职业规划指导；由技术过硬的一线骨干担任学生师傅，主要对设备操作技能及实践进行指导；学校安排了顶岗实习专业指导老师，主要指导技术和对学生进行管理；学校辅导员主要对就业政策及心理、安全进行指导。学校领导定期到企业中走访、看望实习学生（另见图8）。

（8）加强资源投入。

为满足学生专业学习需求，北京中标华安信息技术有限公司和山东司法警官职业学院共建安全防范技术实训室，监控管理服务器1台，监控软件系统1套，监控系统7套，门禁系统1套，总价值215368元。

图 8

设立企业奖学金，每学年定期奖励品学兼优的优秀学生。对 2018 级学生奖励一等奖学金 3000 元，3 人；二等奖学金 1000 元，6 人，共计 15000 元。

2. 与杭州宇视科技有限公司（山东分公司）合作项目

（1）校企共同培养企业所需岗位人才。

学校负责教授基础性课程。学校定期聘请宇视科技一线工程师、技术员来学校对学生进行专业课程的培训，特别是宇视科技相关产品及技术的培训（另见图 9）。学生经过企业培训，特别是实践课程培训后，可考取企业工程师证书，获得进入企业实习、就业的机会。

（2）企业培训资源与学校共享，推进专业课程体系的完善。

2020 年起，学生上课方式采取线上方式，对教学提出了新要求。宇视科技也适应变化，开展了网络培训模式。企业线上资源丰富，一线工程师在线授课，专业课程的教学资源得到有力补充。2020 年 3—4 月，2018 级共有 20 余名学生参加线上企业培训，6 名同学通过线上培训考取宇视工程师认证证书，并于 6 月顺利进入宇视科技实习岗位。为此，专业调整了课程体系，将宇视科技培训课程纳入课程体系中，为学生的实习就业开辟了更多渠道。（见图 10。）

图 9

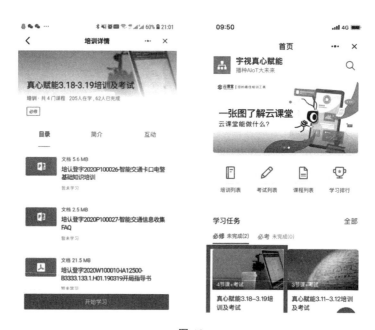

图 10

（3）为企业培养人才，学生对口就业。

通过与宇视科技的多次交流和合作，专业引入宇视课程，有针对性地培养企业所需要的岗位人才，每年安排即将实习的学生到宇视科技参观学习，了解企业文化，学习企业精神。每年宇视科技都会吸纳部分学生就业。通过前面就业学生对下一届学生的正向影响，宇视科技现在已经是很多即将毕业学生就业的最理想选择。（另见图 11。）

图 11

3. 与山东空管无人机培训中心合作项目

（1）引入师资，开启安防专业无人机课程。

山东空管无人机培训中心具有无人机培训和驾驶资质，教学资源丰富，师资力量雄厚，正是目前专业所欠缺的。专业与山东空管无人机培训中心建立起联系，将企业教师请入课堂，增加学生无人机知识和驾驶技能。（另见图 12。）

图 12

（2）建立山东司法警官职业学院无人机协会。

在企业的大力支持下，2019 年成立了山东司法警官职业学院无人机协会（另见图 13），协会成员为山东空管无人机培训中心、山东司法警官职业学院公共安全系。协会吸纳学院无人机爱好者和感兴趣者，传授无人机知识，培训无人机驾驶技能。目前协会成员有 30 余人。

图 13

（3）共同申报无人机驾驶员 1＋X 技能等级证书试点工作。

2020 年 5 月，校企双方达成一致意愿，通过资源共享、合作共赢的方式，共同申报无人机 1＋X 证书试点。通过前期合作，争取在 2020 年下半年申报成功，并进行相关证书试点工作。

（二）安全防范技术专业（航空方向）具体校企合作项目

1. 校企双方联合招生，学生入校签订三方协议

学生入学后，学生与企业和学校签署三方协议，明确各方权利和义务。按照校企双主体育人的专业共建模式，企业老师参与课堂授课、学生实训和学生实习，按照企业用人所需进行专业技能培养，企业方百分之百推荐学生实习工作。

2. 校企共建，提升教学能力

安全防范技术专业（航空方向）办学经费年投入为 500 余万元，主要包

括以下内容：设施设备费，包括教学及实训设备的采购、更新与维护；日常教学经费，包括实训耗材、实习专项、兼职教师经费等；教学改革与研究，包括课程建设、科研费用；师资培训以及其他支出。（另见图 14。）

图 14

3. 共建校内校外实训基地

安全防范技术专业（航空方向）建有 3 个校内实训基地，包括形体实训室、形象塑造实训室、A320 真实适航飞机等，能更好地满足人才培养要求。同时，本专业与航空公司、机场、高铁等部门有长期合作关系，建有种类齐全的校外实训基地，包括航空公司模拟舱、航空公司的舱门训练器、航空公司水陆撤离训练基地等，能很好地满足学生的实训要求（另见图 15）。

图 15

4. 校企共建实习实训平台

教师负责指导学生实训，企业来校面试招聘，提高了学习工作的积极性。学生在校期间可以参与真实航空公司培训环境中，实现所学内容与实际工作无缝对接。学生在模拟舱训练过程中，学习航空乘务员的工作完整流程，掌握航空设备设施的操作方法，为学生在未来的工作中积累丰富的经验。

5. 师资共享，打造优秀教学团队

主要包括专任教师和兼职教师。专任教师主要为院校的教师，兼职教师主要来自企业方提供的专业教员，其专业教员来自各大航空公司（如中国南方航空、海南航空等航空公司）的飞行时间至少 3 年的乘务员、乘务长及主任乘务长、安全员等（另见图 16）。

图 16

五、合作方式介绍

安全防范技术专业合作企业较多，合作形式多样，主要有以下几种合作方式。

（一）企业参与办学，形成双主体育人模式

学校与企业签订合作协议，根据企业要求招生，培养企业需求人才。企业与学校共同成为育人主体，处于平等育人关系。校企双方共同成立专业建设委员会，由企业负责人、主要任课教师、管理人员和系负责人、专业负责人、主要专业教师构成。专业人才培养方案、专业发展规划等，都由专业指导委员会共同商议制定。校企双方共建教学团队，并定期轮岗交流。校方教师要去企业顶岗实习，企业一线技术人员要承担一定的教学任务。这样的企业有北京中标华安信息技术有限公司和北京圣辅国际教育科技有限公司等。

从学生入学开始，企业便参与进来，让学生了解企业文化，认知就业岗位；在校期间的学习生活，企业时刻跟进，包括专业课程的授课、学生的在校表现，都纳入学生的考核环节；学生实习就业，企业发挥重要作用，在实习岗位上进行有针对性的再培训、再学习，充分吸纳合格学生，进入企业所需的就业岗位上。这就要求企业必须驻校，并时刻与学生保持联系，也要求学校要充分尊重企业意见共同办学。

（二）企业仅参与教学实训等环节，为企业培养特定人才

学校与企业建立密切联系，并形成常态化友好合作关系，签订合作框架协议。企业对学校的要求仅仅是在培养人才的过程中添加企业课程，完成企业考核。学校满足企业要求后，学生可以顺利进入相应的企业实习、就业，这样的企业有浙江宇视科技有限公司、山东世纪高鸿信息科技有限公司等。

企业不参与育人的每个环节，不参与专业基础建设，也不参与专业人才培养方案制订等环节，但是对专业人才培养有着重要影响力，可以对专业人才培养提出合理化建议，对课程体系提出更加完善的意见。企业参与到部分企业课程的教学过程中，学生在校期间，企业短暂驻校（通常1～2个月），通过对专业课程内容的改革，企业将入职培训融入到课程中，形成特色课程。经过2～3门课程的改革，企业可以完成所需岗位人才的

针对性培养，满足岗位要求。通过企业考核的学生可直接入岗实习和就业。企业参与校内师资的培养，将校内教师转变成企业培训讲师，减轻企业培训的负担，也提高了校内教师的实践教学水平。

（三）企业参与到某个项目中或某个课程中，为学生提供就业渠道

学校与企业形成合作关系，通过合作实现共同发展。企业具备学校所没有的资质或资源，学校需要这样的企业来开辟新的发展路径。通过合作，学校的专业能在某个领域得到较快发展，企业也能通过合作扩大影响力，扩大营业收入，例如与山东空管无人机培训中心的合作。

企业仅仅参与到某门课程的教学环节中、申请国家项目的过程中。企业的参与不会影响专业主方向的发展，但会给专业带来更加广阔的发展空间。例如，与山东空管无人机培训中心的合作，使学校具备了建立无人机培训基地的资质和可能性，使学校具备申请1＋X证书的可能性。学生通过培训，具备无人机操作技能，增加了就业筹码，部分学生获得无人机职业资格证书，具备了从事无人机相关领域就业的可能性，大大拓宽了学生的就业渠道。

六、合作成效

安全防范技术专业2016年建立并首次招生，经历了两年自主发展后，2018年开始校企合作，主要成效有以下几方面。

（一）扩大了专业规模

专业由最初的不足10人，发展到现在每届学生360余人，规模效益渐渐体现。这与校企合作是分不开的。学生对企业认可、对专业认可，专业才能逐渐发展壮大。学生就业好，职业前途较好，才能被社会认可。

（二）增强了师资队伍

引入具有一线工作经验的兼职教师，专业课程含金量高，授课内容更

贴近实际工作岗位。迅速解决了专业教师不够的难题。学校教师在企业的帮助下也在不断地充电学习，提高实践教学能力。

（三）完善了基础建设

通过校企合作，安全防范技术专业很快解决了实训室、实验室不足的问题。通过企业的大力投资，安全防范实训室、空中乘务实验仓等校内实训基地迅速建立起来。校外实习实训基地在企业原有的基础上可直接使用，大大解决了专业基础性建设问题。

（四）获得了各类奖项

在企业教师的帮助下，安防专业学生近两年参加各类国家级、省级比赛获奖次数明显增多。获得国家级比赛二等奖一次、三等奖一次，获得省级比赛二等奖三次、三等奖三次。为学校争得荣誉，为专业打出名声（另见图17）。

图 17

（五）明确了专业方向

召开专业建设指导委员会会议，在企业的帮助下，更加明确了专业的发展思路，对专业将来的发展更有信心。

七、合作经验与启示

安全防范技术专业是个多学科多领域融合的专业，在任何一个方向上做好做精都是有可能的。安全防范技术专业在学院是个新建的专业，只有四年，虽然起步比较晚，但是随着新技术、新技能的融入，如果能在一个新起点、高起点上起步，就能把这个专业建设好。新专业往往面临着规模较小、师资力量薄弱、基础设施薄弱、实验室实训室建设薄弱等问题，因此，如果照搬老牌专业发展方式的道路，很有可能永远跟在老牌专业后面，永无出头之日。校企合作、产教融合为安全防范技术专业的快速发展提供了可能性。企业往往具备新技术、新动力，因而充分发挥企业优势，尊重企业发展需求，改变传统教育模式，是专业发展的新动能。

但是，并非任何企业都能够进行校企合作。选择融合度高的企业、具备先进技术的企业来合作，对专业发展来说是最有利的；选择规模大的企业、在专业领域排名靠前的企业来合作，对专业规模发展、对师资力量提升、对学生就业是最有利的；选择具备教育资质的企业、资金雄厚的企业合作，对专业基础建设、实验室建设是最有利的。因此，校企合作前期的考察工作是非常重要的。安全防范技术专业在与企业合作之前，经历了两年的充分考察和论证，最后确立了重点合作企业、重点关联企业、重点发展企业三个层次。每个层次必不可少，它们都是专业发展的重要环节。每个层次的企业都是从十几家企业中通过不断考察、不断交流、不断洽谈而确定的，通常只有1～2家合适企业。当然，在校企合作过程中，要充分考虑企业的需求和难题，要将学校的力量发挥出来，帮助企业解决实际问题，实现共同发展，形成双赢局面。

　　安防专业校企合作模式有很多种，但各个学校都有各自的特殊情况，不能采用拿来主义。要根据自己学校的特点，结合本省本市的企业特点进行有针对性的校企合作。校企合作形式上是合作，目的则是共赢。学校的专业要明确自己的问题在哪里，校企合作能不能解决本专业遇到的问题。最大的企业不一定是最合适的企业，要用发展的眼光看待专业发展问题，从长远角度谨慎进行校企合作。另外，学校也要站在企业的角度去思考问题，体谅企业的难处，解决企业难处；这样，校企合作才能长久，才能真正实现共赢。

协校融合，共育"湖北工匠"安防技能竞赛

——武汉警官职业学院产教融合·校企合作典型案例[①]

一、学校简介

武汉警官职业学院是经湖北省人民政府批准，教育部备案的省属全日制公办普通高等学校。建校40年来为国家培养了10多万名政法类专门人才。学校是全国政法干警招录培养体制改革试点院校、教育部"1＋X"证书制度首批试点院校、教育部"ICT行业创新基地"首批合作院校、湖北省人民政府服务外包人才培养（训）基地、湖北省高校党建工作试点院校、湖北省教育援疆对口培养院校。该校还是教育部选定的国家级优质院校创建单位，多次被评为省级文明单位、平安校园。

学校占地面积408亩，总建筑面积193325平方米，教学科研仪器设备总值5222万元。该校建有安全防范技术国家级实训基地、社区矫正省级实训基地、司法信息化ICT实训基地及文书司法鉴定、法医物证

---

① 本案例被评为全国安防职业教育联盟"产教融合·校企合作"典型案例三等奖。作者：余莉琪，武汉警官职业学院高级工程师，专业方向为智慧监狱安防技术应用、安防工程法律法规体系、工程造价、工程管理；郭志刚，湖北省安全技术防范行业协会秘书长；王珏，武汉警官职业学院教务处负责人，专业方向为安防法律法规体系构建；胡操，湖北省安全技术防范行业协会人力测评中心主任；黄超民，武汉悠锋科技有限公司总经理，专业方向为电子与智能化系统集成、计算机软件技术。

（DNA）鉴定、视频行为分析鉴定、光接入实训室、4G/5G 通信实训室等校内实践基地 46 个；校外实习实训基地 189 个；纸质图书 40 余万册；智能化教室 109 间。在司法信息化、安全防范技术、应急救援等领域走在国内同类院校前列。

学校内设警察管理系、司法侦查系、司法管理系、信息工程系、公共管理系、基础课部、思政课部、警体部等教学科研单位。开设 23 个专业，其中主要有国家骨干专业 1 个、中央财政支持专业 2 个、司法类国家控制专业 7 个（含已纳入司法行政机关人民警察招录范围的司法行政警察类专业 5 个）、湖北省特色专业 5 个。现有专任教师 197 人，其中教授、副教授以上职称教师 64 人，硕士及以上学位教师 93 人，双师型教师 108 人。学校主编、参编司法部规划教材 20 多部，在核心期刊发表论文 300 多篇，出版各类专著、教材数十部。

二、系、专业（群）简介

武汉警官职业学院信息工程系是培养适应行业、社会需求的信息技术类专门人才的系部。它恪守"以就业为导向、以能力为本位"的办学方针，按"产教融合、校企合作、工学交替"的模式培养适应市场需求的技术技能型人才。近年来，信息工程系积极开展职业教育改革探索，申报建设了国家级教育部 ICT 行业创新基地，与华晟经世科技有限公司、浙江宇视科技有限公司、湖北省安防协会、武汉市安防协会等进行了深度合作，按职业岗位职业需求制订人才培养计划并实施，为社会一线培养大批高素质毕业生。

目前，信息工程系已建设安全防范技术专业群，以安全防范技术省级特色专业为核心，包含物联网应用技术、信息安全与管理、司法信息安全、消防工程技术、计算机软件技术、计算机网络技术等专业。随着人工智能、大数据、云计算、物联网技术的快速发展，安防类产品已经进入各个领域，市场对安防行业的需求已提升到"大安防"时代，社会对"大安防"技术人才的培养提出了更高的需求，迫切需要形成一个良性的专业生态链与行业产业链对接。基于此，学校对接市场并已初步形成了"大安防"教育培训格局。

信息工程系安全防范技术专业群师资力量雄厚、师资结构合理，拥有一批基础理论扎实、富有创新精神、掌握现代科学技术的专职教师队伍；并建设有校企混编的双师型教师团队，素质优良、教学严谨、管理有方、教育教学特色鲜明。现有专任教师 25 人，副教授 8 人，讲师 12 人，专职学管人员 7 人，助教及其他 5 人，国家注册一级建造师 1 人，国家注册二级建造师 3 人，国家注册造价员 2 人。

信息工程系具备优良的教学实训条件，以安防综合实训室为主体，建设有安防综合布线实训室、安防工程制图实训室、消防实训室、安防视频监控实训室、电子电工实训室、大规模监控实训室等，并配置了光纤融合机、物联网实训箱等先进设备，同时拥有标准的计算机实训中心、设备价值千万元的行业领先的国家级通信技术实训室、中央财政支持的国家级安全防范技术专业实训基地。

信息工程系积极开展职业教育改革探索，申报建设了教育部国家级 ICT 行业创新基地，与中兴通讯股份有限公司、清华大学继续教育学院下属清华 IT 培训中心和浙江宇视科技有限公司、湖北省安防协会等进行了校企（协）合作，校企合作专业培养目标明确，专业建设和实践教学与企业行业联系密切，按岗位职业需求制定人才培养计划，按企业"订单"定制人才培养方案，直接为社会一线培养高素质技能型人才，确保了毕业生"零距离"就业上岗。

三、专业（群）开展"产教融合·校企合作"整体情况

安全防范技术专业为湖北省省级特色专业，与全省千余家安防企业已建立良性合作关系，并在 2013 年由湖北省安全技术防范协会颁发"安防专业人才培育基地"荣誉证书，2017 年被湖北省商务厅、湖北省教育厅授予"湖北省人民政府服务外包人才培养（训）基地"称号。安全防范技术专业

"产教融合·校企合作"主要表现在以下方面。（另见图1、图2）

（1）与湖北省安全技术防范行业协会合作。武汉警官职业学院为该协会常务副会长单位，荣获"安防专业人才培育基地"称号。学校与湖北省安全技术防范行业协会签署"校协合作备忘录"，开展"视频监控系统安装和运行""入侵报警系统安装和运行"专项能力考核培训，承办湖北省"湖北工匠"安防职业技能大赛等事宜，该竞赛已成功举办两届。

图1

图2

（2）与安防系统集成企业合作。武汉警官职业学院与武汉海辰友邦科技发展有限公司、深圳英特安防实业有限公司武汉分公司、武汉悠锋科技有限公司等30家系统集成企业的17名一线专家组成专业建设指导委员会，开展专业共建，引入2家企业设立奖学金，保证了校企合作共同制订人才培养方案、共同实施人才培养，聘请企业技能名师，建设学生实习实训基地，共同建设教学资源，共同承接产业服务等工作。（另见图3、图4。）

图3   图4

（3）与安防产品生产研发企业合作。例如，与浙江宇视科技有限公司武汉分公司、浙江大华技术股份有限公司等企业合作，开展师资培养、学生实习实训、学生竞赛培训等工作。（另见图5、图6。）

图5   图6

四、校企合作具体项目

项目名称：协校融合，共育"湖北工匠"安防技能竞赛。

项目内容：本次技能竞赛意在贯彻落实湖北技能强省战略工程，加快安全防范行业高技能人才培养，推动技能劳动者队伍的发展壮大和整体素质的提高，提升安防企业综合技术实力，促进安防行业创新发展。"湖北工匠"安防技能竞赛，以赛促技术能力提升，形成了湖北省安防行业技术技能人才培养的基本模式。

五、合作方介绍

湖北省安全技术防范行业协会（以下简称"协会"）是经湖北省公安厅批准，湖北省民政厅登记注册，由安防工程企业，安防工程使用单位，安防产品生产、销售厂商及其他热爱安防事业的企、事业单位自愿组成的非营利性社会团体。协会于 2003 年 12 月 6 日在武汉成立，具有独立法人资格。

协会秉承"服务、保护、协调、进步"的办会宗旨，严格遵守国家法律、法规，推动安防及相关企业进步，反映企业诉求，为政府决策提供参考。协会会员企业近 3200 家，共有安全防范系统设计施工维护员、保安员、安检员及其他辅助工种人员 22 万余人，在全国范围内属行业大省。随着行业的蓬勃发展，每年不断有新的企业和人员进入。此外，省内高校和职校安防及相关专业不断毕业的学生将来也是从业大军中的有效补充。

协会工作职能如下：制定行业标准，推进安防行业市场建设；培训和考核安防企业和专业技术人员；举办展会，搭建产品和技术交流平台；加强行业信息化建设，做好行业信息服务；开展行业调研，向政府提出制定行业发展规划的建议；组织订立行规行约，建立诚信体系；加强行业自律，组织开展等级考核、资质评定等工作；开展其他依据法律、法规及行业协会章程可以开展的工作。

六、合作过程及内容

（一）背景

随着国家关于职业资格相关政策的调整，安全防范系统安装维护员职业资格证书被取消，协会也随之暂停了职业资格证书的培训工作。2017年，为响应在全国范围内推进职业技能竞赛的相关精神，协会联合武汉警官职业学院向湖北省人力资源和社会保障厅申请举办"湖北工匠杯"安防职业技能竞赛。同年，根据《省人力资源厅和社会保障厅关于组织 2017年湖北职业技能大赛的通知》精神，"湖北工匠杯"安防职业技能竞赛获湖北省人力资源和社会保障厅批准，正式开始实施。（另见图 7、图 8、图 9。）

湖北省安全技术防范行业协会
委托书

武汉警官职业学院：

我会根据鄂人函【2017】263号文件《省人力资源厅和社会保障厅关于组织2017年度职业技能大赛的通知》精神，为加快我省安防行业高技能人才培养，推动技能劳动者队伍的发展壮大和整体素质的提高，选拔优秀技术能手，促进安防行业创新发展，拟举办全省安防行业首届"湖北工匠"职业技能大赛。

因贵单位在全省安防行业的影响力及办事质量的突出成绩，今委托贵单位承办湖北省安防行业首届"湖北工匠"职业技能大赛。赛事组织的具体要求请与协会有关负责人联系。

我们对贵单位大力支持表示衷心感谢！

特此委托。

二〇一七年十月二日

图 7

湖北省安全技术防范行业协会

关于承办湖北省第二届安防职业技能竞赛的函

武汉警官职业学院：

为推动我省安防行业高技能人才培养，由湖北省职业技能鉴定指导中心和我会共同主办的2019年"湖北工匠杯——第二届安防职业技能竞赛"将于今年11月举行，感谢贵校在首届竞赛中的支持和参与，诚邀贵校继续作为第二届竞赛的承办单位，共同办好本届竞赛。

专此函达，盼予复函。

联系人：胡攀
联系电话：027-87324910

湖北省安全技术防范行业协会
二〇一九年一月二日

图 8

战略合作协议

甲方：湖北省安全技术防范行业协会
乙方：武汉警官职业学院

甲乙双方基于双方长远发展战略考虑，决定就湖北省安防行业人才培养培养开展合作，结成战略合作伙伴，现经双方友好协商，达成如下共识：

一、合作宗旨
甲乙双方通过紧密合作，发挥各自优势，打造双赢、可持续发展的战略合作伙伴关系。

二、合作目标
双方相信，通过合作，能够帮助双方提升安防职业教育培训工作成效，为推动湖北省安防行业专业化人才培养和能力水平提升，促进行业健康发展提供社

会服务创造更大价值。

三、合作内容
1. 甲方主办"湖北工匠"安防职业技能竞赛，乙方作为承办单位；
2. 甲方开展行业专项能力考核工作，乙方作为承办单位，并作为专项能力考核站；
3. 甲方开展有关国家职业技能（智能楼宇管理员）鉴定培训、考核工作，对乙方专业教师有师资培训安排，并且有一定比例的授课师资由乙方教师参与；
4. 甲乙双方可就信息工程类专业建设、人才培养方案、课程建设、教材建设、新技术讲座等开展合作；
5. 甲方可委托乙方完成其它未列到的与专业有关的行业职业培训；
6. 甲乙双方可就招生、毕业实习就业开展合作。

图 9

竞赛的主题是安全防范技能。该竞赛为省级二类竞赛，每两年举办一期，由湖北省人力资源和社会保障厅职业技能鉴定指导中心、湖北省安全技术防范行业协会联合主办，武汉警官职业学院承办，各市州安防协会、中国安防展览网等单位参加，可影响全省近千家安防企业。

（二）组织领导

协会与武汉警官职业学院签订了包括技能竞赛的战略合作协议。学院

为做好技能比赛专项工作，制订了工作方案。学院成立技能竞赛工作领导小组，由党委书记陈风华同志担任组长，其他院领导为副组长，各部门负责人为小组成员，总体负责"湖北工匠杯"安防竞赛的组织、协调及监督落实工作。领导小组下设赛务组、保障组、宣传组、接待组等。

协会组织行业专家、学院教师组建了竞赛组、裁判组。为加强组织协调，还成立竞赛组委会：

1. 主任

徐　淳　湖北省职业技能鉴定指导中心主任

魏　利　湖北省安全技术防范行业协会会长

2. 副主任

曾九洲　湖北省职业技能鉴定指导中心副主任

郭志刚　湖北省安全技术防范行业协会秘书长

李祖义　武汉警官职业学院党委委员、副院长

3. 成员

李　方　湖北省职业技能鉴定指导中心技能竞赛部部长

陈　虎　武汉市安全技术防范行业协会秘书长

邓鳌洲　宜昌市保安和安全技术防范行业协会秘书长

杨光强　十堰市安全技术防范行业协会秘书长

叶　拉　孝感市安全技术防范行业协会秘书长

陈　武　黄冈市安全技术防范行业协会会长

余莉琪　武汉警官职业学院安防教研室主任

张春雨　中国安防展览网总经理

下设竞赛实施组、竞赛监督组、竞赛专家组、竞赛后勤组等赛事保障机构。

（三）合作模式

协会负责组织协调，学院负责具体比赛环节、实训环境、比赛用教

室、宣传、学生组织等具体落实工作（图10）。

图 10

竞赛内容按照相关国家职业标准高级工（三级）要求，结合湖北省安全技术防范发展实际，设理论考试、技能操作、项目讲解、答辩4个部分，由竞赛组委会组织专家命题。

参赛选手全部是湖北省各安防企业的项目经理、技术负责人、从业年限一年以上的在岗工作人员（图11）。凡属省、市安防协会成员单位从业人员（每家企业报名人数不超过2人）的参赛选手，一般应具有相应职业（工种）国家职业标准三级（高级工）国家职业资格（安防设计评估师、安全防范系统安装维护员、智能楼宇管理员、保安员、安检员、安全评价师等安全保护服务类职业资格）。对未取得相应等级国家职业资格的，原则上应从事本职业（工种）工作3年以上，特别优秀的，可适当放宽工作年限要求。

技能竞赛分三个阶段：初赛、复赛和决赛。初赛内容为理论知识考试，前50名进入复赛；复赛内容为实践操作，在学院安防综合实训室、大规模视频监控实训室进行技能复赛，专家评委根据初赛（笔试考试）、复赛（实践操作考试）成绩的排名情况最终确定20名参赛选手入围决赛；决赛内容为指定虚拟项目设计讲解和答辩，由方案设计、现场PPT讲解及答辩三部分组成，评委根据选手表现现场打分。（另见图12、图13。）

图 11

图 12

图 13

对获得第一名的选手，报湖北省人力资源和社会保障厅核准后，授予"湖北省技术能手"，对获得第 2～20 名的选手，由省安防协会颁发"湖北省安防行业技术能手"荣誉称号。一等奖 1 名、二等奖 2 名、三等奖 3 名，优胜奖 10 名，分别给予 5000 元、3000 元、1000 元、500 元的奖励，由竞赛组委会颁发荣誉证书。前 8 名选手按照智能楼宇管理员国家职业标准，在原职业资格等级基础上晋升一级（最高晋升至技师）。对获得优胜奖及以上的选手，由省安防协会认定为协会安防工程企业能力评价合格的技术人员。大赛设优秀组织奖、特别贡献奖、最受关注奖等若干名，根据各参赛单位组织工作情况及实际贡献评选，由竞赛组委会颁发荣誉证书。（另见图 14、图 15。）

图 14   图 15

附：

第一届获奖情况

一等奖（1 名）

易国荣　安华智能股份公司（湖北省技术能手）

二等奖（3 名）

齐　渊　武汉旗云高科工程技术有限公司

蔡少华　湖北鑫隆进电子有限公司

王　晶　武汉悠锋科技有限公司（学院毕业生）

三等奖（6 名）：

兰伟杰　湖北泰信科技信息发展有限责任公司

赵　毅　武汉警源智能科技有限公司（学院毕业生）

毛建芳　达明科技有限公司

李洪伟　武汉纵横保安服务有限公司

常　雷　达明科技有限公司

汪彦鑫　湖北盛世恒通通信集团有限公司

第二届获奖情况

一等奖（1 名）

邢家玮　武汉旗云高科工程技术有限公司（湖北省技术能手）

二等奖（2 名）

张梦炎　中冶南方城市建设工程技术有限公司

王　晶　武汉悠锋科技有限公司（学院毕业生）

三等奖（3 名）

王献庆　武汉悠锋科技有限公司（学院毕业生）

朱文杰　武汉宇视锋行科技有限公司（学院毕业生）

谢宏伟　武汉市霍克智能技术有限公司

优胜奖（10 名）

王凤云　武汉瑞科兴业科技有限公司

张大红　湖北佳狮盾智能技术有限公司

何超湖　北周全智能化系统工程有限公司

梅金华　武汉瑞客特科技有限公司

李汉卿　湖北鑫达智能科技有限公司

邹传枫　武汉市欣泰科技发展有限公司（学院毕业生）

张宏波　武汉海辰友邦科技发展有限公司

吴德武　汉斯艾特科技股份有限公司

陈波湖　北双子智能工程有限公司

李　阳　荆州万隆安防科技有限公司

七、合作成效

(一) 直接成果

1. 与企业技能零距离接触，提升了学生的社会实践能力

武汉警官职业学院安防专业的学生全程观摩复赛、决赛。学生在观摩过程中与企业的项目管理人员有了一个近距离的接触，在答辩过程中了解了很多实际施工经验，提高了学习的积极性，明确了毕业后的发展方向，入围选手更将工作中精益求精、勇于创新的工匠精神通过本次比赛传达给即将迈入社会的师弟师妹，提高了学生的职业素养和敬业精神。第二届竞赛，学院组织安防专业 17 人参加预赛，取得较好的锻炼效果。

2. 为学生实习实训搭建了更良好的平台

承办该项技能大赛加强了学院和湖北省安全技术防范行业协会的联系，为后期学院相关专业（安全防范技术、消防工程技术、物联网应用技术、软件技术等）学生培养、实习、就业打下了良好基础。组织该项大赛也加强了与湖北省人力资源和社会保障厅职业技能鉴定指导中心的联系，为学生的职业技能考试争取更大的便捷机制。学院曾是职业技能鉴定指导中心承认的国家职业技能鉴定站（9 项职业技能鉴定）。

(二) 间接成效

1. 技能大赛规模提升快速，协会和学院服务于行业的职能更加全面

首届技能竞赛全省 40 家安防企业的 71 名选手参赛。其盛况见图 16～图 19。

第二届大赛预赛由各地市安防协会组织，经评选选拔出来自武汉、十堰、黄石、孝感、宜昌、荆州、黄冈、恩施等 8 个地市 52 家安防企业的 106 名复赛选手（见图 20）。

图 16

图 17

图 18

图 19

图 20

2. 扩大了学院影响力，在警官职业院校中首个承办职业技能大赛

北京政法职业学院、浙江警官职业学院、山西警官职业学院、江苏省司法警官高等职业学院、四川司法警官职业学院的安防专业教师受邀现场观摩比赛。

3. 安防专业毕业生在企业广泛受到欢迎

在首届职业技能竞赛中，学院毕业生王晶、赵毅分别在初赛和复赛中取得第一名的优异成绩，在决赛中获得二等奖和三等奖。

在第二届职业技能竞赛中，学院毕业生有四人进入了决赛，王晶获得二等奖，王献庆、朱文杰、邹传枫获三等奖的优异成绩。（另见图21、图22。）

图21

图22

（三）创新点及推广价值

职业技能竞赛是贯彻中共中央、国务院关于进一步加强高技能人才工作，加快技能人才队伍建设的一项重要举措，是落实全国人才工作会议精神的一项具体工作，也是湖北省安防职业技能培训计划实施成果的一次集中检阅，对于引导全省安防技术人才学练技能，构建高、中、初各级技能人才梯次发展的职业技能人才高地，促进湖北省经济社会持续发展，都具有十分重要的意义。

《国家职业教育改革实施方案》以"深改革高赋能强贡献"为主题精神，党中央、国务院对职业教育的重视程度之高前所未有，推动职业教育改革发展的力度之大前所未有，中国职业教育迎来的重大发展机遇也是前所未有。学院肩负起培养高素质高技能综合创新型人才的重任，为行业发展和区域发展做出了贡献。

学院坚定"面向市场、服务发展、促进就业"的办学方向，不断深化校企合作，加快推进学校治理体系和治理能力现代化，深化教师、教材、教法改革，推进高等职业教育高质量发展。

八、经验与启示

从学校人才培养方面而言，"协""校"融合，共育"湖北工匠杯"安防技能竞赛下一步要考虑的工作如下：

（1）学生的培养内容和比赛内容要进一步对接，切实提升课程与职业岗位的深度融合；

（2）比赛要进一步对接国家1＋X职业证书制度，要将1＋X职业证书制度相关内容融入人才培养和技能竞赛中，切实对接职业标准，培养更多符合区域经济发展需要的技术技能型人才。

从比赛举办方面而言，目前比赛形式相对单一，下一步可考虑以下工作：

（1）竞赛组别分为职工组、学生组；

（2）学生组竞赛标准为高级工，职工组竞赛标准为技师；

（3）设立团体竞赛项目和个人竞赛项目，团体项目每个企业或学校可报一个，由三人组成，角色分别为项目经理、设计员、施工员；

（4）积极争取湖北省司法厅的支持，努力申请为省级一类竞赛。在湖北省安防行业中加大宣传，吸引更多的企业参与，更好地服务于安防企业技能技术型人才培养。

校企协同育人　共建现代师徒制

——安福智能牵手政法职业学院，共启产教融合创新模式[①]

习近平总书记在党的十九大报告中提出，要"完善职业教育和培训体系，深化产教融合、校企合作"。产教融合的基础是"产"，是以真实的产品生产为前提，与教学紧密结合，其目的是以"教"建立课程标准体系。产教融合强调技术的社会性，教学应采用社会标准，立足实现专业与行业无缝对接、实训与基地的无缝对接、科研与产学的无缝对接、项目与创新的无缝对接，形成团体优势，形成教育链、人才链、创新链和产业链的贯通融合，共同推动职业教育与行业产业协同发展。

为贯彻落实《国务院办公厅关于深化产教融合的若干意见》，进一步深化产教融合，全面推行校企协同育人，提升海南省安防技术技能人才培养质量，有效推动智慧安防产业领域产教深化融合，为海南全面深化改革开放和自贸港建设助力护航，海南安福智能科技有限公司与海南政法职业学院合作，以公共安全防范专业为基础，以安福集成服务项目

---

① 本案例被评为全国安防职业教育联盟"产教融合·校企合作"典型案例三等奖。作者：曹荣霞，海南安福智能科技有限公司总经理；孙敏、曾祥燕、涂婧璐，海南政法职业学院公共安全技术系教师。

和社区智慧安防运营中心为依托，联合安福行业用户共同开展海南省安防行业应用型人才培养协同育人创新模式探索，在开展现代学徒制，实现平台共建，双师型师资团队共育等方面取得良好成效，并针对人才就业建立快捷的高质量就业通道，形成"培训—实习—就业"紧密衔接的校企合作就业服务特色。

一、企业介绍

海南安福智能科技有限公司成立于 1997 年，公司注册资本 3000 万元，是长期致力于社会公共安全智能技术研发集成和运营的本地企业。公司资质证书齐全，实力雄厚，管理规范，共向国家版权局申请并获批了人脸识别、北斗车辆定位和大数据中心等系统软件 26 项著作权，是公安部首批和第二批视频专家成员单位，是 2016—2020 年博鳌亚洲论坛年会国事安保通信保障唯一承建商，也是文昌 2017 年、2019 年、2020 年卫星发射的安保服务商，并多次获得客户的感谢信表扬。

公司与时俱进，发挥 20 多年专业技术优势，充分运用物联网、人工智能等现代科学技术，积极实施大数据战略，于 2016 年研发建设智慧物联安防运营中心，构建智慧社区综合物联管理平台，经公安部专项检测，满足信息安全三级等保测评，能够迅速专网整合并运营社会面各单位的视频图像、综合安防、基础数据等信息资源，实现与政府公安部门平台无缝对接和授权共享，既是政府主导下社会力量参与构建社会治安防控体系、推动社会治理从单一建设到多方多元建设的有效途径，又是利用科技手段实现常态化专业维护运营服务的重要保障。

展望未来，公司秉承"科技服务社会"宗旨，将持续创新引领更多个性化解决方案，建设集企业运营、政府监管和行业应用平台为一体的专业服务体系，助力本省公共安全建设和平安智慧城市数据运营服务。

二、学院介绍

海南政法职业学院是经国家批准的海南省唯一一所专业设置涵盖公安、司法、法律类专业的公办高等政法类职业院校，为全国唯一的一所综合培养公安、司法人才试点招生高职院校。2009 年至 2017 年，学院连续九年被评为"海南省高等学校毕业生就业工作优秀单位"。学院坚持立德树人，把培养德智体美劳全面发展的社会主义建设者和接班人作为办学的根本政治方向，秉承"德法兼备、知行合一"的校训，立足政法，面向社会，坚持以服务为宗旨，以就业为导向，走产学研合作办学道路；依托行业，紧紧围绕海南自贸港建设经济发展和法治建设的需要，深化教育教学改革，加强专业建设，着力培养学生职业技能和实践能力，努力提高人才培养质量。学院以警务化管理作为学生德育教育的有效载体，培养学生良好的职业素质和道德品质，注重学生个性发展，重视校园文化建设，学院坚持服务政法、服务基层、服务社会的办学方针，学历教育与继续教育两翼并重。经过多年努力，学院已成为中共海南省委组织部基层干部培训基地、海南省政法干部培训基地、海南省公务员培训基地、海南省农社两委培训基地，为区域经济社会发展和法治建设做出了显著的贡献。

公共安全技术系是海南政法职业学院唯一的理工科专业系，是以省公安厅为依托，省安防协会为平台，培养具有良好法律素养，能在公、检、法、司及安防企业等系统从事安防技术督察管理设计施工等工作的应用型人才。目前有专兼职教师 40 人，其中教授、副教授、高级工程师 10 人，讲师 17 人。公共安全技术系现有"安防防范技术"和"计算机组成与嵌入系统" 2 门省级精品课程，在建院级精品课程 4 门。系部建有 10 个计算机机房，拥有 500 多台教学用微机，建有 4 个专业实验室。2008 年成为全省计算机教学示范中心，其中"智能楼宇与安全防范产品制作综合实训室"获得中央财政支持。学院现为海南省安全技术防范行业协会常务理事长单位，安全防范技术实践教程基地为中央财政支持的教学基地，是海南省唯一一家国家职业资格安全防范设计评估鉴定和培训中心基地，安全防范实验室被评为海南省省级优秀实验室。该系设有信息安全技术、计算机通信、安全防范技术等三个专业。其中，安全防范技术专业设有视频监控、安防工程、工程制图 CAD、智能楼宇弱电系统、安防产品制作等课程，以及配套的实训课程。通过学习，学生能够掌握安全技术防范、视频监控、楼宇智能化控制设备的使用等专业核心技能，具有较强的安装、管理、维修等方面的能力。该系毕业生连续三年就业率为 100%。

三、开展"产教融合·校企合作"整体情况

海南安福智能科技有限公司与海南政法职业学院自 2013 年开始，通过校企合作与教师、师傅的联合传授，开展企业新型学徒制培训工作，对安防系安全防范技术专业学生进行常年授课、实训和考核，并探索形成了与双方管理相匹配地从自实习、见习、储备干部到正式员工的技能培育机制。2017 年 10 月，海南安福智能科技有限公司与海南政法职业学院公共安全系签署了实习基地建设协议，将校企双方在安防专业方面高素质技术技能型人才培养工作中应承担的责任和义务固化下来，使校企双方成为责任和利益共同体。该工作开展以来，双方通过深度合作，实现资源共享、优势互补，共同发展。

四、校企协同育人，共建现代师徒制

（一）校企协同育人模式

海南安福智能科技有限公司始终坚持"合作育人、合作就业、合作发展"的原则，以健全和完善校企合作机制，创新多元合作模式为目标，建立"人才共育、过程共管、成果共享、责任共担"的校企合作长效机制。校企合作，共同开展本省安防行业应用型人才培养计划，探索协同育人模式，拓宽合作育人模式的内容。

1. 基于互利互动的融合育人模式

公司建设"企业课程＋学校课程"的校企双元课程体系，以"专业对接产业"为引擎，充分利用公司的行业人脉资源、学校及实验室的师资资源，逐步构建人才互聘机制，既定期从企业聘任兼职教师，又选派专业教师赴企业担任顾问。校企共同开展课程资源建设，将人才培养方案与企业就业需求服务统一，共同培养素质高、技术精的智慧安防应用人才。

2. 基于校企团队的项目实战模式

学校教师、企业专家组建团队，共同参与设计案例项目，开展市场调研、设计实施、服务一体化的实训课程教学和考核，对实习学生开展形式多样的技能培训。同时校企团队有针对性地制定了《校企合作全额奖学金管理办法》《校企合作见习实习育人管理办法》等校企合作管理制度，鼓励学院学生德、智、体全面发展，激发学生学习安防专业知识、掌握专项技能和投身安防事业的热情。

3. 基于实训实习的技能强化模式

依据安防产业发展需求，依托学院实训室、公司集成运营项目实习基地，学院建立了课堂、实训、实习三位一体的教学模式，打造切实可行的合作育人载体，明晰校企双方责权，构建责任共担的技能建设机制。校企双方共同监督实训实习管理，基于企业案例强化学习行业最新技术，提升专业最新技能。

(二) 过程管理主要措施

围绕公共安全防范专业智能安防行业人才的培养目标，围绕海南全面深化改革开放和自贸港建设的平安保障工作，校企双方于近年深化合作关系，全面开展技能应用型改造，将人才培养目标定位为"智慧安防信息化服务类应用型人才"，以校企"共建、共享、共赢"为指导原则，深入开展现代师徒制过程管理建设，并取得了良好成绩。

1. 岗位设计和定岗分配

海南政法职业学院对公共安全防范专业进行职业岗位分析，并设立配套课程表，见表1。

表 1　职业岗位分析和配套课程表

类别	职业岗位名称	主要工作任务	岗位素质/能力分析	配套课程
对口岗位	安防施工员	工程施工，现场管理	能够准备设计文件的资料、识图，进行现场管理及设备的安装调试、质量检查等	三大系统、安防工程线路施工与管理、安防工程设计与CAD制图
	安防售后维护技术员	常见故障排除	掌握查找、判断故障、排除故障的方法，会使用维修工具和仪器登记表	各类维修课程、电子设计与制作实训
迁移岗位	安防产品营销员	对安防产品进行营销	熟悉安防产品的性能，能演示操作，理解产品基本原理，有良好的口才	三大系统、安防工程线路施工与检测、中小型安防工程设计与施工、演讲与口才
	安防工程造价员	辅助造价师进行预决算工作	了解国家定额、工程造价市场情况、材料设备的市场价格	三大系统、安防工程设计与CAD制图、安防工程造价

海南安福智能科技有限公司作为集成服务商和安防运营商，提供相应的实习岗位，见表2。

表 2　实习岗位

类别	职业岗位名称	岗位职责	任职能力分析	带培师傅
对口岗位	工程技术人员	安装调试和排查系统运行过程中出现的故障，确保稳定安全运行	具备管线路由勘测、线路施工与性能测试安装调试能力；具备智能化安防系统的运行维护与诊断排除常见故障的能力	工程主管
	运维驻守服务人员	机房驻守，系统平台操作、监看巡检，确保中心系统运行正常		运维组长
	中心值机人员	负责运营中心平台系统操作、统计分析，维护、保养、排查、异常设备故障		中心主任
迁移岗位	市场商务人员	业务沟通，客户关系建立	具有较强的沟通能力	中级主管
	设计预算人员	编制设计方案	具备安防系统初步设计、工程图纸识读和基础绘制能力	技术主管

安福智能科技有限公司负责定期与新进实习生进行非正式沟通，关注其工作与生活情况，听取反馈意见，并填写《实习生月度晤谈记录》，向用人部门和学院负责人反馈。学院根据情况及时调整培养计划内容，制订《实习生轮岗培训计划》，确保定岗分配符合个人的优势发挥。（另见图 1～图 3。）

图 1　公共安全技术系系主任潘仕彬教授于 2017 年 5 月考察安福公司

图 2　公共安全技术系系主任潘仕彬教授于 2017 年 5 月考察安福运营中心

图 3　2019 年实习宣教会（学长现身宣教）

2. 实践性教学环节

实训实习既是实践性教学，又是专业课教学的重要内容，应注重理论与实践一体化教学。实训实习主要包括实验、实训、实习、毕业设计、社会实践等。学生除了在校内进行系统安装与调试、安防工程设计等综合实训外，海南安福智能科技有限公司作为安防行业资深集成运营服务商，以公共安全技术防范为基础，利用安全防范技术实践教程基地、安全防范实验室与智慧物联安防运营中心等平台，联合安福行业用户集成服务项目，除提供集成公司常规的项目安装调试维护实习外，还能够结合企业自身特点，提供与安防行业相关的、满足校园职业岗位设计全内容的认识实习、跟岗实习和顶岗实习。

1）机房监控中心实践

安福智能科技有限公司依托自有的智慧社区安防物联运营中心，加强客户合作，如为物业公司监控中心、公安系统机房中心等提供实习驻守服务人员，通过对各信息化监控中心的多平台多系统值守操作学习，使学生能够更快速掌握智慧安防各智能化系统架构和功能，以及机房驻守运维实操技能。

2）合作厂家观摩实践

通过到合作厂家进行现场观摩与学习，实地参与相关岗位工作、参与管理，了解公司集成产品、经营理念及管理制度，使学生能够较为系统地掌握岗位工作知识，接触社会，了解行业，有效增强协作意识、就业意识和社会适应能力。

3）政治服务任务实践

为了体现政法职业学院警务化管理下的学生政治觉悟和优良品质，安福智能科技有限公司借多年来博鳌亚洲论坛安保和文昌卫星发射安保服务项目机会，与校方共同有计划地统筹部署，在确保人员安全政审的前提下，让优秀学生参与安保项目，提前接受安保政治任务的劳动纪律和职业道德教育。此项目机会有助于培养学生强烈的责任感和主人翁意识，培养学生职业素质、动手能力和创新精神，有利于促进学生安防服务于国家民生安全、专业服务于社会安全的专业自豪感（图4～图6）。

针对以上实践，安福智能科技有限公司通过与客户形成育人就业战略合作，在确保技术支撑和人员稳定的前提下，为实习学生提供客户单位迁移就业机会，有效扩展育人就业渠道，实现多方共赢。（另见图7。）

图4　政法职业学院实习生参与文昌航天常态化指挥中心建设项目

图5　政法职业学院毕业生参与博鳌亚洲论坛年会安保服务

图6　政法职业学院毕业生参与文昌卫星发射安保服务

图7 政法职业学院在安福公司拍摄招生就业宣传片

4）提供教学实训实物产品

除了提供教学实践外，公司还结合20多年来行业项目实施管理经验，针对项目材料回收和业务展示产品更新工作，进行库存产品利旧，定期为学院提供实训产品设备。这不仅能够减少企业经营成本浪费，而且学院可以借助企业设备产品投入和技术指导，减少教育成本，促使学生提前接触产品和产品使用过程，能够更早、更好地帮助学生提高行业产品认识。

5）成立专业教学指导委员会

通过聘请行业专家、邀请企业领导与学院教师参与等方式，企业组建"专业教学指导委员会"，明确专业人才的培养目标，确定专业教学计划的方案，提供市场人才需求信息，参与学院教学计划的制订和调整，根据企业、行业的用工要求及时调整学院的专业计划和实训计划，协助学院确立校外实习、实训基地。

6）举办报告，设立专业奖学金

定期举办校企联谊会及企业家报告会，聘请有较高知名度的企业家来学院为学生做专题报告，围绕专业拓展课程（如人工智能、大数据、安防物联网应用、无人机应用、网络信息安全等）来展开。为了鼓励学院学生德、智、体全面发展，激发学生学习安防专业知识和投身安防事业的热情，也为了进一步促进产教融合，公司在海南政法职业学院公共安全系设立奖学金，以表彰和奖励品学兼优的学生。奖学金一年评定一次，每次2名，每年10月份确定名单，名单由各学生班班主任推荐并提交材料，经安福智能科技有限公司和学院相关领导评定审批，并为获得该奖学金的学生颁发证书和奖金。

7）完善师徒制管理过程

安福智能科技有限公司负责与产教老师的对接工作，对实习生从实习宣教、入司报到、入司导入、岗前培训、定岗调岗分配，直到绩效考核管理的全程负责。实习部门为实习生制订培养方案，通过"传、帮、带"形式，实施现代学徒制一对一或一对多模式，并对实习过程和效果进行考核，跟进该生入岗七天、三个月、转正等节点的表现并做好汇总记录。所有实习生都必须到基层锻炼，时间不少于3个月，实习部门对成长情况进行跟踪、监督和评估。评估采用"口试＋笔试＋工作总结＋实践操作＋晤谈会＋竞赛演讲"的方式，分四级评估。实习部门对实习生进行后期追踪、访谈，掌握其成长满意度及离职率，并就相关问题进行总结、反馈、改善，再共享给产教老师，提高实习生的转正率。

五、合作成效

2017年10月，海南安福智能科技有限公司和海南政法职业学院签订了产教融合的合作协议。协议期间，安福智能科技有限公司建立与现代师徒制相匹配的管理机制，共向学院提供了实习实践岗位 80 余个，建立稳定有效的、从见习实习储备干部到岗位各层级的团队建设梯队，极大地满足企业业务发展对专业人才的需要。2018 年 6 月，安福智能科技有限公司获得海南政法职业学院"优秀实习单位"的荣誉称号（图 8），是海南省人力资源和社会保障局指定的海南省高校毕业生就业见习基地。2020年被评为海南政法职业学院二零二零届"优秀实习点"（图 9）。同时，安福智能科技有限公司由于开展了现代学徒制或企业新型学徒制培训工作，且近 3 年接收职业院校学生实习实训每年 3 个月、累计达 60 人以上，从而完成海南省建设培育产教融合型企业认证目录的申报。

图 8　安福智能科技有限公司
被授予"优秀实习单位"的称号

图 9　安福智能科技有限公司
被授予"优秀实习点"称号

六、经验与启示

企业的竞争是专业人才的竞争。校企协同育人建设现代师徒制，完善了职业教育和培训体系，深化了产教融合、校企合作，探索出相匹配的机制和标准。校企合作还可以共同建立教学运行与质量监控体系，共同加强过程管理，这样既能够有序有效实现企业技术技能人才培养和人力资源开发的目标，又能够助力海南政法职业学院公安安全系技术防范专业的持续发展，为平安智慧海南建设提供源源不断的人才。

随着人工智能、大数据、物联网的快速迭代，传统安防行业早已与时俱进转变成智慧安防产业，从而成为平安智慧城市建设的主力军，切入

"5G、人工智能、物联网、工业互联网"等新基建的基准点。智慧安防产业正在以科技为基础，由点到面、由短期到长期地全面突破。海南政法职业学院公共安全系公共安防技术的专业人才建设，需要持续稳定的就业来确保海南公共安全行业的人才建设。海南安福智能科技有限公司作为本省安防行业资深集成运营企业，抓住海南自贸港建设契机，探索自身发展模式。一方面，公司为学院提供更多试岗岗位，增加接收实习生及应届毕业生人数，帮助增强学生实践能力，提高学院毕业生就业率，为构建以智慧物联安防运营中心为依托的运营服务项目提供更好的人才储备；另一方面，公司与学院开放合作，总结和传递校企合作的经验，将企业的集成运营角色作为产教融合的集成共享平台，与更多的厂家、战略伙伴和行业用户联手，资源共享互惠互利，发挥各自优势力量，牵手海南政法职业学院，以"燎原之火"开启产教融合现代师徒制创新模式的"共建、共享、共赢"。

"课岗证赛融通、优势资源互补"打造校企深度合作新模式

——浙江警官职业学院与浙江宇视科技有限公司产教融合的探索与实践[①]

一、校企资源对接，课岗证赛全方位育人

（一）科学规划实习指导

从 2015 年开始，宇视科技有限公司（以下简称宇视科技）接收我校安防技术专业学生顶岗实习，实习岗位从设备检测、技术支持外延到研发、管理、市场等部门的一线岗位，最多时一次接收十余名实习学生。在实习前，校企双方共同制订了初步的实习方案，除校方配备专门老师负责实习学生的管理与协调工作外，宇视科技也为每位实习生配备了专门的导师，不但负责实习期间的技术与工作指导，还参与毕业论文的选题指导工作。实习后，学生在专业知识掌握度、工作职业素养养成度等方面，普遍比未参加实习的在校学生表现优异，其中不少表现出色的实习生最终获得在宇视科技工作的机会。

[①] 本案例被评为全国安防职业教育联盟"产教融合·校企合作"典型案例三等奖。作者：李特，浙江警官职业学院安全防范系团支部书记，研究方向为安防网络技术；周俊勇，浙江警官职业学院安全技术专业教研室主任。

(二) 实训室一体化共建共享

大中型高清视频监控实训室是我校与宇视科技共建的以视频监控为主业务的实践性场所，目前涉及的核心课程有安防网络技术、安防技术应用等。其中，实训教学依托行业安防工程和网络技术培训体系，相关证书认证在大型高清视频监控平台搭建、网络产品运营和维护等方面有广泛知识覆盖，对于集成化的视频监控系统应用技能培养有很强的实践支撑。

通过硬件升级改造可达到基于网络技术的安防工程实训目标，这也是智慧物联趋势下安防技术实训的必然趋势。实训室使用的视频监控组件具有很强的底层思维，利用 Linux 系统技术完成网络架构搭建，学生可使用平台固有的视频监控控件和功能模块组合成符合任务特点的个性化系统，实现监控、报警、智能分析等模块的联动，形成实用性、工程性、集成底层结合的创新点。

一体化视频监控系统教学配套设施建设是为了学校能够完成"IP视频监控网络技术""视频监控基础知识""中小型视频监控技术""大规模视频监控技术"等课程，为学生提供可视、智慧、物联的知识和技能培训。

（1）建成后的实训室能够完成市场上视频监控主流的组网及业务应用；

（2）切合学校实际建设需求，实现学生实训教育目的，达到学历教育及非学历教育要求；

（3）方案描述功能架构、特点、功能描述、技术原理等可为学生提供学习要点，强化安防技能知识。

实训室的目标是能够完成宇视科技智慧物联学院三门视频监控课程的部分实训课程，通过实训课程中丰富的业务应用，让学生理解视频监控系统及其承载网常用的技术。

（三）师资培训能力提升

2019 年暑期，学院派遣两位老师参加宇视暑期视频监控工程师考证培训，两位安防技术专业教师在经历理论学习、实操演练培训后顺利通过上机和试讲结合的证书考核，拿到了 ICE-VS 视频监控工程师证书（图1）；2020 年学院系部派出三位专业教师参加安防行业合作伙伴技能竞赛，经过预赛和复赛的激烈角逐，获得一个一等奖和两个三等奖的佳绩。

图 1　教师获得职业技能证书培训讲师

（四）教材教学资源共建互利

安全防范系以与宇视科技共建的大中型高清视频监控实训室为系统载体，主持"安防网络技术"课程教材编写，内容涉及网络基础、大中型监控网络技术、人工智能、智能交通等。2020 年暑期安全防范系邀请宇视科技共同编撰教材，为进一步完善产教融合、实践育人和技能型人才输送模式提供支撑。

（五）举办职业技能导向赛事

举办竞赛，既可以适应国家和产业发展对新型智慧安防应用技术人才的需求，促进高职安全防范技术专业面向"互联网＋AIoT"行业应用，又可以进一步优化课程设置，引导职业院校关注可靠、安全、智慧的物联网技术发展趋势和产业应用方向，同时还可以促进产教融合、校企合作，推动学院相关专业的建设和改革，增强学生的新技术学习能力和就业竞争力。

（六）社会实践聚焦行业发展

随着生物识别、数字网络技术的发展，居民对于居家门禁安全意识不断增强，智能锁作为家庭安全管理的第一道防护屏障，其便捷性和功能多样性越来越受到青睐。学院立足于安全防范技术专业，与浙江宇视科技有限公司长期合作，内容包括智能锁、IPC＋NVR 解决方案等在内的、以销售模式探索为主要手段的创业实践。实践团队的发展分为以产品销售代理分销为主的创业公司和以巩固创收、培育安防产品销售技能人才为主的人才输送基地这两个阶段。团队的培训资源包括场地和师资。师资主要来源于企业一线销售部门和产品研发部门，产品和解决方案资源直通厂商和企业分销部门。专业师资力量支撑前沿理论，不仅保证了团队成员的业务和技能积累，也降低了因人员更换和产品迭代造成的培育孵化成本。校企合作项目致力于探索智能锁等安防产品的销售对象和渠道挖掘方式（图 2 和图 3），通过充分挖掘用户需求在销售实践中反馈式培养的销售手段，不以单品销售为主体，而以成套解决方案打包销售为思路，打造渐进迭代的销售培训平台创建安防产品解决方案营收模式。

图 2　校企合作社会实践获省级优秀团队

指导证明

浙江警官职业学院安全防范系教师孙宏、刘桂芝、李特在"安防产品推介和解决方案"校企合作学生创新创业项目中提供团队技术指导和服务。

特发此证明，以资鼓励。

浙江宇视科技有限公司
〇一九年六月

图3 专业教师指导校企合作创新创业项目

二、合作成效显著

（一）教师行业实战技能水平提升

安全防范技术专业积极推进"双师型"教师能力提升工程，学院与宇视科技共同开发智慧安防系统实施与运维职业技能证书考培一体系统。2021年7月，学院9名教师参加证书师资培训并全员通过初中级证书考核，取得证书考评员资格。自2019年以来，安全防范技术专业紧密跟进行业热点和前沿技术，学院与宇视科技开办挂钩行业考评体系的座谈会十余次，举办教师实战技能培训，共计14次。

（二）建成大规模网络视频监控实训室，并开展学生技能训练

大规模高清视频监控实训室是基于宇视认证体系的视频监控数字一体化教学场所，配备有各类前端摄像设备、视频服务器、解码器、存储器、NVR和传输组网等一整套实训设备，为学生在"安防网络技术""安防技术应用""智能化安装与调试"等课程的技能拓展提供硬件支持。该实训室在大中型视频监控系统的组网、平台组件安装、监控业务管理、网络维护等各项技能上实现课岗对接、课证融合，吸收了ICE-VS等证书在内的培训教学内容。

(三) 初步形成以教材为代表的专业技能教学资源库

深入研究国家职业教育改革关于1＋X试点和新形态教学资源统筹问题，学院安全防范技术专业牵头与宇视科技共同商议组建"智慧安防系统实施与运维"证书教材编写委员会，以教材为核心开发包括教案、胶片、实验任务、视频、题库等的一体化资源库，涉及核心开发院校7所，从筹备到教材出版历时一年多时间。（另见图4。）

教材使用授权函

应浙江警官职业学院安全防范系（以下简称该单位）邀请，浙江宇视科技有限公司（以下简称宇视科技）拟与该单位合作编撰教材，宇视科技在合作编撰中提供资料素材的支撑，共同参与教材编撰。宇视科技提供的资料素材仅限用于教材编撰过程中参考使用，该单位对资料素材的参考使用自行判断其准确性、适宜性，并做好资料素材的管理，勿做他用。双方合作共同参与教材编撰，致力于进一步完善产教融合、输出高技能实践型人才。

浙江宇视科技有限公司
2020 年 8 月

图 4　校企合作共建共享教材资源

(四) 成功举办首届全国高职院校安防技能大赛

智能安防行业应用的快速发展，对安全防范技术专业人才提出了更高要求。为促进各院校专业人才培养，由宇视科技、浙江警官职业学院牵头，与北京政法职业学院、广东司法警官职业学院、武汉警官职业学院、山东司法警官职业学院、河北司法警官职业学院、海南政法职业学院、四川司法警官职业学院、宁夏警官职业学院、甘肃警察职业学院、丰沃创新（北京）科技有限公司联合举办，首届"宇视杯"全国高职院校安防技能竞赛正式拉开序幕（图5）。

图 5　校企共同举办首届全国高职院校安防技能竞赛

本次竞赛围绕安全防范核心要素，重点考察学生理解分析基于物联网技术的智慧安防系统实现的能力，包括智慧安防系统方案设计、智慧安防系统网络布设、设备配置、系统联调等应用型技能掌握情况和职业能力等。同时兼顾考察参赛学生的质量进度、成本和规范意识。

三、经验与启示

（一）进一步融合校企人力资源，打造服务行业与院校的专业师资团队

宇视科技拥有较完备的认证和培训体系，是安防行业职业技能培训的沃土，通过将高校师资团队和企业培训体系相融合，打造行业服务型师资队伍，可实现更高程度的行业实践产出，巩固安防人才输送的生态链。

（二）健全全国高职院校安防技能大赛举办机制

通过大赛搭建校企合作的平台，深化产教融合，推进产教融合人才培养模式，提升安全防范技术专业及其他相关专业毕业生能力，同时大赛促进相关教材、资源、师资、认证、实习、就业等方面的全面建设，推动院校和企业联合培养智慧安防人才，加强学校教育与产业发展的有效衔接，

促进职业院校安防类相关专业共同发展，为国家战略规划提供安防领域的高素质技能型人才。

（三）深化学生教育、就业领域的校企合作模式

多年的探索实践让我们形成了坚固的合作共赢模式，阶段性的学徒制实践教育锻炼了学生融入行业的主动性和学以致用的贯通能力，企业与学校的双元联合培养也为学生更快进入安防职场提供了快车道。

民航空中安全保卫专业人才培养链
与产业链双链融合育人实践[①]

一、浙江警官职业学院简介

2008年，浙江警官职业学院入选国家示范性高等职业院校，成为首批全国政法干警招录培养体制改革试点院校；2010年，被司法部授予集体一等功；2011年，成为司法部与浙江省政府共建院校；2017年，入选浙江省优质院校建设名单；2019年，成为"中国—上海合作组织法律服务委员会"首批交流合作基地，入选国家"双高计划"建设院校。

学院占地面积524亩（分为下沙、乔司两个校区），建筑面积151274平方米、固定资产总值35491万元、教学科研仪器设备资产值7375万元、纸质图书51万册，有中央财政支持的实践教学基地2个、省级示范性实践教学基地4个。现有教职工383人，专任教师164人，拥有高级职称的111人（正高33人）；有省教学名师1人、省优秀教师3人、省高职高专院校专业带头人24人；近5年承担各类研究课题359项，行业服务研究课题73项，教师发表学术论文469篇，出版学术著作78部。

[①] 本案例被评为全国安防职业教育联盟"产教融合·校企合作"典型案例二等奖。作者：蒋卓强，浙江警官职业学院民航空中安全保卫教研室主任，研究领域为航空安保、公安安全管理。

建校以来学院累计为浙江省及全国部分省（区、市）政法系统及其他相关行业培养输送了2.2万名毕业生，其中浙江省监狱和戒毒单位一线民警中，学院毕业生占到了70％，是浙江省司法行政机关人民警察的重要培养基地。学院现有招生专业12个，其中浙江省"十三五"建设优势专业5个、特色专业5个；有国家级精品课程5门、国家级资源共享课程4门、国家级专业教学资源库1项，省部级精品课程33门、省级在线精品课程3门，获得省部级教学成果奖6项，牵头制定国控专业教学标准4个。

学院拥有"司法部杭州培训中心""浙江省司法行政培训中心""全国法院司法警察培训基地""浙江省人民法院司法警察培训基地""浙江省人民检察院司法警察培训基地""浙江省安全技术防范行业协会培训中心"等培训机构，近五年年均培训学员1.7万余人次。

学院坚持"根植司法行政，服务司法行政"，立足办学职责使命和特色优势，积极服务平安浙江、法治浙江建设，先后荣获浙江省"上海世博会'环沪护城河'安全工作突出贡献单位"、浙江省"服务保障G20杭州峰会突出贡献集体"、全国"二十国集团领导人杭州峰会安保贡献突出集体"等荣誉称号。

二、民航空中安全保卫专业简介

民航空中安全保卫专业2018年经教育部批准设置，并经浙江省教育考试院批准为提前招生专业，是浙江省首个且唯一的空保专业。该专业为适应浙江民航强省与杭州临空经济示范区建设需求，旨在培养具有良好职业道德和法律素养、扎实的专业知识和实战技能、身体素质好、服务意识强的民航空中安全保卫高素质技能型人才。

毕业生就业前景好、待遇好。民航空中安全保卫专业与中国东方航空股份有限公司、浙江长龙航空有限公司、春秋航空股份有限公司等各大航空公司在就业招聘、航空安全员培训等方面深入合作，相关专业毕业生入职航空安全员岗位后深受航空公司好评。就业岗位主要为航空安全员（即航空公司执行空中安全保卫任务的空勤人员），主要职责为保卫机上人员与飞机安全，处置非法干扰行为。

民航空中安全保卫专业师资力量雄厚，有浙江省"最美教师"1名和浙江省公安厅反恐总队特聘技能教官、中国特警学院特聘客座教授1名。该专业建有警务实战技能专家工作室，在"狭小空间防卫与控制"技术领域独树一帜，服务于浙江省第二监狱等十几所监狱的警务实战教学指导并辐射全国，为公安、武警、政法机关及航空公司等企业提供了大量的警务技术服务支持，在民航安保领域享有较高声誉，得到国家民航局空警总队、民航华东地区管理局、浙江监管局的充分肯定。由工作室专家带领的学生散打队多次斩获全国大学生跆拳道、散打男子团体冠军。

民航空中安全保卫专业开设的主要课程有"机舱防卫与控制""机舱突发性事件处置""异常行为识别与处置""两扰行为防控""民航安保法律法规""航空安全员职业体能训练""航空安保英语""航空礼仪与形体训练""航空乘务""民航概论""犯罪预防""治安管理"等。

三、合作方介绍

中国东方航空股份有限公司（以下简称东航）总部位于上海，作为中国国有三大航空公司之一，其前身可追溯到1957年1月，原民航上海管理处成立的第一支飞行中队。在经历一系列发展沿革后，1988年正式成立中国东方航空股份有限公司。1997年分别在纽约、香港、上海三地的证券交易所成功挂牌上市，是中国民航首家三地上市的航空公司。

目前，东航运营着近600架客货运飞机组成的现代化机队，主力机型平均机龄不到5.5年，是全球规模航企中最年轻的机队之一。作为天合联盟成员，东航的航线网络通达全球177个国家、1062个目的地，2016年东航旅客运输量超过1亿人次，位列全球第七。"东方万里行"的常旅客计划使旅客可享受天合联盟20家航空公司的会员权益及全球672间机场贵宾室待遇。

东航致力于建设一个"员工热爱、顾客首选、股东满意、社会信任"的世界一流航空服务集成商。东航荣获中国民航飞行安全最高奖——"飞行安全钻石奖"，连续 5 年被世界著名品牌评级机构（WPP）评为中国品牌前 30 强，还先后被多个权威机构评选并授予上市公司"金鼎奖""中国证券金紫荆奖""最佳上市公司""世界进步最快航空公司奖""亚洲最受欢迎航空公司"等奖项和称号。

浙江长龙航空有限公司（以下简称长龙航空）成立于 2011 年 4 月，是浙江省唯一的本土航空公司，拥有国内国际、客运货运全牌照运营资质，填补了浙江省没有本土航空的空白。

2012 年 8 月和 2013 年 12 月，长龙航空开通国内货、客运。2015 年 5 月和 2016 年 6 月，开通国际货、客运。公司总部位于杭州，在西安、成都分设西北、西南分公司。2019 年 10 月 16 日，长龙航空正式成为杭州 2022 年第 19 届亚运会官方合作伙伴。

客运开航以来，长龙航空全面走上高品质发展之路。目前机队规模达 47 架，开通国内外城市航线近 300 条，连续在民航局、华东局专项考核中位列第一。主要经济指标实现"一年翻一番"，被评为"G20 保障先进集体"、全国"青年文明号"、"浙商全国 500 强"、地方"十强企业"、"突出贡献企业"。

春秋航空股份有限公司（以下简称春秋航空）于 2005 年 7 月 18 日首航，是中国首批民营航空公司之一，是国内最大的民营航空公司。春秋航空是中国民营航空公司中第一家获得民航局安全星级评定荣誉的公司。2017 年至 2019 年，春秋航空连续三年在中国大中型航空公司中到港准点率排名第一。2018 年和 2019 年，春秋航空成为唯一连续两年荣获民航局"四率"（安全、航班正常率、旅客投诉率、定期航班计划执行率）标准全 A 的航空公司。积极实施国际化发展战略，国际航班运力投入占比全民航第一。同时在日本设立春秋航空日本株式会社，于 2014 年 8 月 1 日成功首航，2016 年 2 月 13 日国际首航，从东京成田飞往武汉、重庆、天津、哈尔滨。春秋航空创新起步，安全、平稳运行，是一家以 B2C 网上销售和手机直销为主要销售渠道的航空公司，网上销售占比 85％、移动销售占比 30％，居行业第一；单位油耗比行业平均水平低 28％、人均尾气排放比行业平均水平少 40％，位列全国民航业第一。

2015 年 1 月 21 日春秋航空首次公开发行 A 股，登陆资本市场，成为中国民营航空第一股，获资本市场充分肯定。

四、"产教融合·校企合作"合作内容及成效

（一）主动融入地方经济产业发展，填补浙江省航空安全员人才培养空白

浙江省正在加快实施民航强省建设行动计划。2017 年国家发改委、国家民航局正式批复支持杭州临空经济示范区建设。杭州以承办第 19 届亚运会为契机，推动杭州建设成为国际性航空大都市。杭州萧山国际机场是国内发展最快和最具发展潜力的机场之一。2016 年机场旅客吞吐量和货邮吞吐量分别达到 3160 万人次和 48.8 万吨，运营规模为 2001 年通航初期的 10 倍，已经成为全国五强国际航空口岸。

航空人才培养是打造国际航空枢纽、发展航空产业和航空经济的重要基础支撑。在教育部公布的 2018 年高等职业教育专业设置备案和审批结果中，浙江警官职业学院申报的民航空中安全保卫专业获得批准，这是浙江省首个且唯一的民航空中安全保卫专业，填补了浙江省航空安全员人才培养的空白。

当前航空恐怖主义犯罪防控形势不容乐观，迫切要求院校主动对接实战、服务实战，培养更多航空安保实战型人才。在全国职业院校专业设置管理与公共信息服务平台中查询发现，开设有民航空中安全保卫专业的院校由 2014 年的 3 所、2015 年的 5 所、2016 年的 13 所、2017 年的 15 所、2018 年的 24 所、2019 年的 31 所、2020 年的 35 所，升至 2021 年的 43 所。

航空安全员系指在民用航空器中执行空中安全保卫任务的空勤人员。得益于地面犯罪防控和安全检查等前置性工作，航空安全员岗位危险系数相对较低，同时航空安全员岗位基本工资、飞行小时费、绩效奖励、各项补助、年终奖金合计月薪万元以上。航空安全员岗位推出后，得到了学生、家长和社会的一致认可。

浙江省培养民航类人才主要依靠空乘专业,就业岗位主要为空中乘务员,以女性为主。浙江警官职业学院民航空中安全保卫专业充分发挥警校安保特色,有效对接了航空安全员人才需求。作为浙江省首个且唯一民航空中安全保卫专业,学院积极争取抓住机遇、超前布局,以更高远的历史站位、更宽广的国际视野、更深邃的战略眼光实现优势互补,资源共享,抢占航空安全员人才培养高地。

在民航空中安全保卫专业负责人郑孙勇教授领衔的警务实战专家工作室引领下,该专业注重锤炼空保学生体技能这一核心优势,塑造警务化管理的顽强作风,通过与航空公司的良好互动,在力推航空安全员特色方向上成效明显。学院先后与东方航空、长龙航空、春秋航空等签约校企战略合作协议,分别举办了东方航空、长龙航空、春秋航空安全员专场招聘会,输送 32 名毕业生进入东方航空、长龙航空、海南航空、春秋航空、上海航空等国内外航线航空安全员高端岗位就业,为服务民航发展提供了优质人才资源。学院开展首次民航空中安全保卫专业提前招生工作,浙江新闻广播 FM988 和浙江电视台公共新闻频道先后专题直播介绍,新华社、《半月谈》、网易、浙江在线做专题报道。

(二)依托东航、长龙、春秋等航空公司,校企协同育人,合作助推专业建设特色发展

2015 年 11 月,浙江警官职业学院联合东方航空举办了首期空防安全兼职教员能力提升培训班,开启了航空安全员人才培养的特色之路。学院极力突出贴近空防实战的培训特色,先后邀请了中国人民公安大学、中国民航大学、中国民航管理干部学院、浙江警察学院、辽宁警察学院等单位的行业专家来学院联合授课,受到了学员们的一致好评。专业教师团队潜心研究,勇于突破,模块化设计的"狭小空间防卫与控制"技战术受到国家民航局关注。学院先后举办了空警警务专项技能、兼职教员能力提升、货邮安检、东航蓝盾特勤组员技战术能力提升、川航空防安全能力提升等培训班,并承接了东航浙江分公司空警、航空安全员训练年终考核任务。至今共举办 23 期培训班,培训空中警察和航空安全员共计 700 多人次。如表 1 所示。

表 1　浙江警官职业学院航空类培训班

时间	行业合作
2015 年 11 月 20 日—11 月 26 日	2015 年空防安全兼职教员能力提升培训班（总第 1 期）
2016 年 5 月 8 日—5 月 13 日	中国民航空警警务专项技能培训班第一期（总第 2 期）
2016 年 5 月 15 日—5 月 20 日	中国民航空警警务专项技能培训班第二期（总第 3 期）
2016 年 5 月 22 日—5 月 27 日	中国民航空警警务专项技能培训班第三期（总第 4 期）
2016 年 5 月 29 日—6 月 3 日	中国民航空警警务专项技能培训班第四期（总第 5 期）
2016 年 6 月 6 日—6 月 10 日	中国民航空警警务专项技能培训班第五期（总第 6 期）
2016 年 6 月 12 日—6 月 17 日	中国民航空警警务专项技能培训班第六期（总第 7 期）
2016 年 11 月 21 日—11 月 26 日	2016 年空防安全兼职教员能力提升培训班（总第 8 期）
2016 年 11 月 28 日—12 月 3 日	2016 年东方航空货邮安检培训班（总第 9 期）
2017 年 3 月 17 日—4 月 1 日	东航蓝盾特勤组员技战术能力提升培训班（总第 10 期）
2017 年 4 月 19 日—4 月 23 日	2017 年空防安全兼职教员能力提升培训班第一期（总第 11 期）
2017 年 5 月 9 日—5 月 14 日	2017 年空防安全兼职教员能力提升培训班第二期（总第 12 期）
2017 年 12 月 20 日—12 月 23 日	四川航空 2017 年第一期空防安全能力提升培训班（总第 13 期）
2017 年 12 月 24 日—12 月 27 日	四川航空 2017 年第二期空防安全能力提升培训班（总第 14 期）

时间	行业合作
2018 年 1 月 7 日—1 月 12 日	东航 2018 年第一期空防安全能力提升培训班（总第 15 期）
2018 年 1 月 21 日—1 月 26 日	东航武汉空防安全能力提升培训班（总第 16 期）
2018 年 3 月 11 日—3 月 25 日	2018 年东航蓝盾特勤组员技战术能力提升培训班（总第 17 期）
2019 年 5 月 16 日	举办全国首届狭小空间反劫持培训班（总第 18 期）
2019 年 5 月 19 日—5 月 24 日	2019 年空警二支队警务专项技能第一期培训班（总第 19 期）
2019 年 5 月 26 日—5 月 31 日	2019 年空警二支队警务专项技能第二期培训班（总第 20 期）
2019 年 6 月 1 日—6 月 6 日	2019 年空警二支队警务专项技能第三期培训班（总第 21 期）
2020 年 9 月 21 日—9 月 25 日	全国空警综合业务培训班（总第 22 期）
2020 年 10 月 11 日—11 月 16 日	空警二支队 2020 年度武器警械专项能力培训班（总第 23 期）

　　学院坚持把教师队伍建设作为基础工作，民航空中安全保卫专业教师 2018 年荣获第三届浙江省“最美教师”称号，成为本届评选中唯一获此殊荣的高职院校教师。民航空中安全保卫专业教师主持的“体技能”融合式的“警察防卫与控制技能”课程改革实践获中国高等教育学会职业技术教育分会组织开展的 2017 年度高职院校教学改革优秀案例一等奖。“民航空中安全保卫专业人才培养与实践”课题获浙江省高等教育“十三五”第一批教学改革研究项目立项。“警察防卫与控制技能”课程入选国家刑事执行专业教学资源库。“公共安全管理”课程入选第三批省级精品在线开放课程建设。“民航空中安全保卫专业人才培养链与产业链融合研究”课题获 2020 年度浙江省中华职业教育科研项目立项。同时，教师团队紧贴

问题导向的课题开发愿景，积极推进空警二支队民航机上突发事件处置模拟舱环境培训考核体系建设项目。由民航空中安全保卫专业教师带队的散打队先后荣获 2017 年、2018 年全国大学生武术散打锦标赛团体第一名。民航空中安全保卫专业建设图文材料入选 2018 年浙江省职业教育活动周宣传材料。2017 年 12 月，国家民航局公安局党委副书记、政治部主任、空警总队长等领导来调研时对学院与航空公司优势互补的特色校企合作表示了大力肯定。2018 年 7 月，学院与长龙航空联合承办了 2018 年民航华东空中安保能力建设提升活动之机组安保业务知识竞赛，华东地区 14 家航空公司来学院同场竞技，受到了民航华东局和各大航空公司的一致好评。学院先后与东方航空、长龙航空、春秋航空等签约校企战略合作协议。2021 年 4 月，专业团队入选省教育厅拟推荐国家级职业教育教师教学创新团队名单。

与建设民航强省的要求相比，在职业技能实训基地建设有待加强、企业参与办学的动力不足、技能人才成长的配套政策尚待完善等问题导向下，学院积极向航空公司参与、专业特色鲜明的类型教育转变。按照专业设置与产业需求对接、课程内容与职业标准对接、教学过程与生产过程对接的要求，学院积极引导航空公司深度参与技能人才培养培训，促进学院加强专业建设、深化课程改革、增强实训内容、提高师资水平，全面提升教育教学质量。航空公司如果从社会上招聘航空安全员，则培训周期在半年以上，且需分散在全国仅有的数个航空安全员培训基地排队统一初任培训，全年仅数个培训批次。学院建成空保综合实训模拟舱和航空安保体技能一体化训练场项目，下一步将积极申报全国空中警察和航空安全员培训基地，实现把航空安全员职业证书涉及的相关内容纳入课程教学中，把证书考试大纲与专业教学大纲相衔接，强化学生专业技能训练。同时积极争取民航空中安全保卫专业学生在校参加航空安全员初训，实现毕业前考取航空安全员初任培训证书，并争取领到航空安全员执照。这将极大地缩短航空公司招聘用人周期，也增强了民航空中安全保卫专业学生的就业竞争力。

学院邀请东方航空、长龙航空、华夏航空等公司的专家成立专业建设指导委员会，积极开展提前招生、1＋X证书试点、现代学徒制人才培养改革。每年根据航空安全员招聘标准，学院开展提前招生综合测评，录取后可不参加高考。学院支持学生在读期间积极参加航空公司校招和社招，符合录用条件的学生可去航空公司参加初任培训。专业建设指导委员会的具体职责包括：组织专业建设、改革发展的战略研究，提出行业需求、人才培养目标、人才培养模式、课程设置、校企合作等建设意见和发展规划；为制订和修改专业教学计划、编制专业核心课程标准和实践课教学标准、调整课程结构提供指导性意见、建议；指导、协助校内外实验实训基地建设，积极提供校外实习场所，推荐经验丰富的中高级工程技术人员为本专业学生讲课（座），积极开展本专业科技信息方面的讲座，指导、协调产学结合、校企合作；为毕业生提供就业信息及就业指导；院外成员可与学院联合申报、共同承担科研技改项目和产学研联合开发项目，对学院承担的各类研究课题和应用技术的开发提供咨询服务；研究专业人才培养中出现的重大问题，并探讨解决方案；等等。

（三）重实战、强技能、铸警魂，提升人才培养链与产业链融合质量

打铁必须自身硬。民航空中安全保卫专业依托专业负责人郑孙勇教授领衔的警务实战专家工作室，重实战、强技能、铸警魂，与中国人民武装警察部队特种警察学院签订特战搏击学科共建战略合作备忘录；与国际民用航空组织（ICAO）安保培训中心建立联系，开发最新的异常行为识别与处置课程包。专业教师团队积极引进融合国际最新警体技战术，打造国际化人才培养的核心竞争力。专业教师团队开发监狱、戒毒人民警察警务技能、法警警务实战技能、航空安保技能、随身护卫等课程与培训包，积极参加省内外各种类型的教学技能及师资培训，与国家举重队、国家柔道队、解放军跆拳道队建立了长期的合作与交流，学习当前最先进的运动康复、体能训练、技能训练等。

专业负责人郑孙勇教授，先后荣获浙江省"最美教师"、浙江省司法行政系统"十大百优"人民警察、浙江省教坛新秀、浙江省高校优秀教

师、教育部大学生体协跆拳道项目特殊贡献奖、全国高校教师微课比赛一等奖等荣誉。其入选浙江省优秀青年教师资助对象、浙江省 151 人才工程梯队、学院 30 周年园丁奖，荣立个人三等功 2 次，二等功 1 次，受聘为公安部、云豹突击队、中国人民武装警察部队特种警察学院、上海公安学院、辽宁警察学院、山东警察学院、吉林警察学院、浙江省警卫局、浙江省海警总队、中国民用航空飞行学院、西南航空职业学院等单位客座教授，率领学院散打队和跆拳道队多次荣获全国团体冠军。

航空安全员是一支政治坚定、勇于创新、忠于职守、英勇善战的队伍。专业人才培养以锤炼英勇善战的品质、培育当代民航精神为重点，深入持久地推进警务化管理和学习作风建设。从遵章守纪、体技能训练、岗位实践、党建团建抓起，始终保持"严"的导向，落实"实"的举措，把敢于战斗、敢于亮剑的信念贯彻到英勇善战的品质养成全过程。专业负责人郑孙勇教授英勇善战、忘我奉献的精神为学生们树立了榜样。

民航空中安全保卫专业以"异常行为识别与处置""事故调查"等课程为主要载体，举办"防风险、除隐患、遏事故"等各类教育活动，牢固树立安全发展理念，增强安全生产意识，提升航空安全素质和机组协同配合理念。综合实训中针对国内外各类民航事故和典型不安全事件，深刻汲取教训，提高航空安全警觉性，在基层、基础、基本功上真正下功夫，学习事故预防对策和隐患排查治理，做好风险防范化解工作。

民航空中安全保卫专业以"机舱防卫与控制""两扰行为防控"等课程为主要载体，校企联合举办各类空防安全交流培训，促进专业人才"双元"培养。牢牢树立反恐思维，以安全隐患零容忍的态度，聚焦空防安全能力提升主责，领悟危情沟通谈判技巧，熟悉"两扰"行为处置程序，贴近客舱狭小空间环境实战，提升一招制敌本领，突出体技能一体化训练模式。模块化设计的"狭小空间防卫与控制"技战术受到国家民航局关注。

民航空中安全保卫专业以"航空安全员职业体能训练"等课程为主要载体，将《航空安全员训练大纲》中的日常体能项目考核评分标准融入专业课程教学训练考核，让更高、更快、更强成为师生们的目标追求，从而培养精益求精的工匠精神气质。引入末位淘汰机制，让学生树立危机意识，在民航岗位实践中逐渐领悟不是体能好就能当航空安全员，各方面综合素质高才是精益求精的应有之义。

同时学院开创性地培训了 10 名斯里兰卡籍外方安保人员，加入了由中国教育国际交流协会、宁波市教育局、宁波职业技术学院共同发起的"一带一路"产教协同联盟，成功加入国家民航局国际合作服务中心发起的中国民航"一带一路"合作平台。2018 年 12 月，学院派出了"一带一路"中东欧三国院校合作交流团，分别考察保加利亚索非亚国家经济和世界经济大学、塞尔维亚大都会大学、华沙生态与管理大学，交流了"一带一路"沿线国家人才培养合作事宜。积极联系韩国映像大学和澳大利亚航空学院，争取实现民航空中安全保卫专业的国际化人才培养。学院加入浙江省保安协会海外安全服务专业委员会，与浙江安邦护卫集团、汉卫国际公司等签署战略合作框架协议，积极推进"一带一路"项目合作。

五、经验与启示

通过近年来专业建设工作的不断推进，浙江警官职业学院民航空中安全保卫专业取得了一定的成绩，但是发展中存在的问题还比较突出。比如具有行业背景经历的专业教师不足、教师专业水平待提升、核心课程基础薄弱、行业合作广度和深度待拓展、学生认为体能好就能当航空安全员的观念而对文化课不太重视、学生学习氛围不足等问题。下一步学院将完善提前招生章程，从源头上让更多文化水平高、综合素质好的学生考进来；与更多的航空公司签订订单班协议，制度上保证学生就业；争取政策和指标，引进空乘和航空安全员、空警师资；等等。

随着更大范围、更深层次、更高水平的产教融合，以及优势互补的特色校企合作人才培养之路的不断深化，被称为"航空安全员摇篮"的浙江警官职业学院民航空中安全保卫专业在航空安全基础上紧扣安全生产主题，聚焦空防安全主责主业，努力提升核心竞争力，以警务化管理助推英勇善战品质，为培养更多的空防安全人才，有效充实和提升民航空防安全和反恐怖主义能力贡献一份力量。

"航司助动、培训驱动、双链互动"
航空安保人才校企共育模式创新与实践[①]

一、实施背景

民航安全是国家战略和国家安全的重要组成部分。承担飞行安全保卫具体工作的航空安全员是维护国家空防安全的坚定力量，是民航产业安全稳定发展的重要支撑。民航空中安全保卫专业的任务主要是培养航空安全员。

浙江省原本无民航空中安全保卫专业和航空安全员人才培养方案与课程体系。民航行业壁垒较高，航空安保涉密性较强，非民航系统院校融入行业较难。专业教师教学工作与科研任务繁重，缺少机会深入行业提升实战能力。行业教官由于学历受限也较难入职高校，同时高校欠缺科学评价机制，教师工作积极性不高、备课压力大，且实质性待遇未有提升，因此行业教官不愿担任院校兼职教师。原专业课程偏重于服务、礼仪与形体等内容，客舱徒手、器械、武器控制等实战教学则脱节滞后于行业实践；虽然院校间人才培养方案互补性强，但师资互聘交流机制不完善。

2015—2021年全国开设民航空中安全保卫专业的院校由5所升至43所，其中民航局直属院校仅4所。将招生培养、就业人才培养链与招

---

① 本案例入选教育部2021年产教融合校企合作典型案例。作者：蒋卓强，浙江警官职业学院民航空中安全保卫教研室主任，研究领域为航空安保、公安安全管理。

聘培训研发产业链融合，对校企合作基础较弱的大部分院校具有借鉴意义。

二、主要做法

（一）模式提炼

浙江警官职业学院开设浙江省唯一的民航空中安全保卫专业，与东方航空公司、长龙航空公司、春秋航空公司等企业一起创新"航司助动、培训驱动、双链互动"的航空安保人才校企共育模式，为战略民航强省提供了高水平人才支撑（图1）。

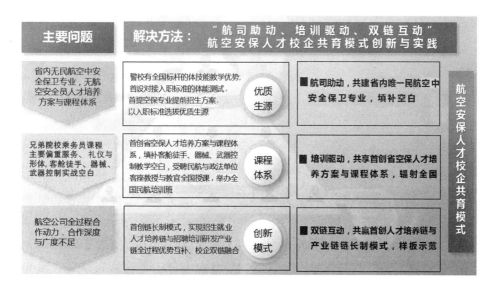

图1 "航司助动、培训驱动、双链互动"航空安保人才校企共育模式

1. 航司助动，共建省内唯一民航空中安全保卫专业，填补空白

浙江警官职业学院有全国标杆的体技能教学优势，引进国际先进警用训练体系，与11个国家的警务实战专家进行国际交流，服务中国民航"一带一路"合作平台与上海合作组织（简称"上合组织"）法律服务委

员会交流合作基地。在警校体技能优势吸引下，航空公司主动融入并共建省内唯一空保专业，校企双向自觉填补省航空安全员培养空白。该培养体系首设对接入职标准的体能测试，首提空保专业提前招生方案，航空公司考官以入职标准选拔优质生源。该专业团队聚焦航空安保产业，尤其是航空安全员就业方向，研究其作为高端产业链条的特征；剖析产教融合现状，举办航空公司培训班、挖掘警校航空安全员人才培养特色。航司助动这一优势可以找准行业痛点，实现校企共赢合作模式。对比全国兄弟院校先进经验，产教融合、校企合作的创新模式可以取长补短，集中突破代表性成果，尤其是机舱防卫与控制等核心课程建设，引领行业发展并辐射全国院校。此外，该培养体系还可以分析学生学习就业情况，推动与更多航空公司的互动合作关系，验证产教双链融合效果。

2. 培训驱动，共享首创省空保人才培养方案与课程体系，辐射全国

省内首创空保人才培养方案与课程体系，填补省内客舱徒手、器械、武器控制教学空白。此套人才培养方案与课程体系以行业培训为总抓手，依托警务实战专家工作室。学员受聘为公安部、司法部、中国特警学院、中国民用航空飞行学院等单位客座教授与教官，为上述单位及国家民航局训练基地、民航华东公安局、东方航空公司、南方航空公司等单位授课120余场，举办空警警务专项技能、兼职教员能力提升，货邮安检、东方航空公司蓝盾特勤组员技战术能力提升，以及四川航空公司空防安全能力提升等民航培训班25期。学院的空保专业聚焦航空安保实战，荣获全国高校微课教学比赛一等奖、高职院校教学改革优秀案例一等奖、教育部大学生体协跆拳道项目特殊贡献奖、浙江省高校微课教学比赛一等奖，获浙江省"最美教师"、省高校优秀教师、省教坛新秀、省高校优秀青年教师、省司法行政系统"第三届百名优秀人物"等荣誉称号。新华社、《半月谈》、司法部官微、浙江电视台、浙江新闻广播、浙江在线、《浙江工人日报》、《钱江晚报》等媒体曾专题报道学院空保专业辐射民航、公安、司法等领域的教学成果。

3. 双链互动，共赢首创人才培养链与产业链链长制模式，样板示范

首创链长制模式，实现招生培养就业人才培养链与招聘培训研发产业链全过程优势互补、校企双链融合。学院教师指导散打队和跆拳道队 6 次荣获全国团体冠军，60 余人次获个人冠军，打造学生体技能核心优势。参与制定民航局机上突发性事件处置考核标准与训练指南，助力行业标准建设。吸引行业专家共同做好招生培养就业一体化，掌握产教融合主导权。招生引入行业考官，完善提前招生改革方案，提升生源师资质量，严把上游入口关，共建提升培养潜力。培养引入企业教员，发挥警校安保优势特色，提升双链融合质量，筑牢中游过程关，共享提升合作动力。就业引入职业导师，对接行业新时代新需求，提升就业培训质量，狠抓下游出口关，共赢提升发展合力。同时做好课程思政引领，警魂忠诚铸造，坚定地回答了"培养什么人、怎样培养人、为谁培养人"的问题。校企合作中，坚持以立德树人为根本任务，践行总体国家安全观，不忘初心为党育人、为国育人，努力把学生培养成维护国家空防安全、文武双全的坚定力量。学院将以专业负责人为榜样，以勇夺第一的全国武术散打锦标赛为载体，以警务化管理为依托，以课程思政为引领，对接安全员职业标准，向东方航空、长龙航空、春秋航空、上海航空、吉祥航空、海南航空等单位输送优秀毕业生。（另见表 1。）

表 1 浙江警官职业学院与航空公司推进产教融合历程

时间	行业合作
2015 年 9 月 21 日	赴上海东方航空公司总部、东方航空培训中心航空安保培训部商谈空警教员班培训相关事宜
2015 年 11 月 20 日— 11 月 26 日	2015 年空防安全兼职教员能力提升培训班（总第 1 期）17 人
2016 年 5 月 8 日—5 月 13 日	中国民航空警警务专项技能培训班第一期（总第 2 期）49 人
2016 年 5 月 15 日—5 月 20 日	中国民航空警警务专项技能培训班第二期（总第 3 期）49 人

续表

时间	行业合作
2016 年 5 月 22 日—5 月 27 日	中国民航空警警务专项技能培训班第三期（总第 4 期）47 人
2016 年 5 月 29 日—6 月 3 日	中国民航空警警务专项技能培训班第四期（总第 5 期）54 人
2016 年 6 月 6 日—6 月 10 日	中国民航空警警务专项技能培训班第五期（总第 6 期）45 人
2016 年 6 月 12 日—6 月 17 日	中国民航空警警务专项技能培训班第六期（总第 7 期）45 人
2016 年 6 月 28 日	赴东方航空公司总部就东方航空安全员订单班、举办安全员专场校园招聘会等事宜进行了洽谈
2016 年 9 月 23 日—9 月 24 日	2016 年东方航空安全员专场招聘会
2016 年 10 月 27 日—11 月 1 日	东方航空浙江分公司空警、安全员训练年终考核
2016 年 10 月 31 日	赴教育部高校毕业生就业协会高校航空就业分会会长单位洽谈校企合作事宜
2016 年 11 月 21 日—11 月 26 日	2016 年空防安全兼职教员能力提升培训班（总第 8 期）17 人
2016 年 11 月 28 日—12 月 3 日	2016 年东方航空货邮安检培训班（总第 9 期）16 人
2016 年 12 月	赴东方航空公司总部参加首届航空安全员职业技能竞赛，担任裁判工作
2017 年 3 月 17 日—4 月 1 日	东方航空蓝盾特勤组员技战术能力提升培训班（总第 10 期）30 人
2017 年 4 月 6—4 月 7 日	赴辽宁警察学院调研学习民航空中安全保卫专业
2017 年 4 月 19 日—4 月 23 日	2017 年空防安全兼职教员能力提升培训班第一期（总第 11 期）13 人
2017 年 4 月 19 日	民航空中安全保卫专业筹建委员会会议
2017 年 5 月 9 日—5 月 14 日	2017 年空防安全兼职教员能力提升培训班第二期（总第 12 期）15 人

时间	行业合作
2017 年 6 月 2 日	2017 年长龙航空专职安全员招聘会
2017 年 6 月 12 日—6 月 14 日	赴内蒙古师范大学调研学习民航校企合作模式
2017 年 6 月 18 日—6 月 20 日	赴辽宁警察学院调研学习民航空中安全保卫专业
2017 年 6 月 21 日	赴长龙航空公司洽谈安全员订单班合作和共同申报安全员资格培训基地事宜
2017 年 7 月	获中国大学生武术散打锦标赛男子团体第一名
2017 年 7 月 21 日—7 月 22 日	赴北京参加 2017 年全国高等院校空乘专业推介展示会
2017 年 9 月 14 日	赴长龙航空公司洽谈航空安全员订单班及航空安全员培训基地申报等合作事宜
2017 年 12 月 5 日	国家民航局公安局党委副书记、政治部主任、空警总队长视察
2017 年 12 月 20 日—12 月 23 日	四川航空 2017 年第一期空防安全能力提升培训班（总第 13 期）10 人
2017 年 12 月 24 日—12 月 27 日	四川航空 2017 年第二期空防安全能力提升培训班（总第 14 期）10 人
2018 年 1 月 7 日—1 月 12 日	东方航空 2018 年第一期空防安全能力提升培训班（总第 15 期）27 人
2018 年 1 月 11 日	长龙航空来访，参观散打队训练，并讨论模拟舱建设方案及华东局领导来访事宜
2018 年 1 月	聘任南方航空廖荣南、南方航空王雨村、东方航空魏勃、长龙航空陶黎荣为企业兼职教师
2018 年 1 月 21 日—1 月 26 日	东方航空武汉空防安全能力提升培训班（总第 16 期）20 人
2018 年 2 月 2 日	举办民航空中安全保卫专业提前招生校内外专家论证会

续表

时间	行业合作
2018 年 3 月 11 日—3 月 25 日	2018 年东方航空蓝盾特勤组员技战术能力提升培训班（总第 17 期）27 人
2018 年 2 月—5 月	民航空中安全保卫专业首次高职提前招生
2018 年 3 月	浙江台公共新闻频道、浙江新闻广播采访空保专业建设
2018 年 3 月 27 日	中国民航飞行学院航空安全保卫学院杨院长来访交流
2018 年 4 月—9 月	教师赴浙江长龙航空有限公司挂职锻炼
2018 年 6 月	为长龙航空制定总部新大楼安保方案
2018 年 6 月 21 日	民航华东地区管理局副局长率队商议空保竞赛事宜
2018 年 7 月 6 日	举办民航空中安全保卫专业人才培养方案专家论证会
2018 年 7 月	获 2018 年中国大学生武术散打锦标赛榜首，新华社报道
2018 年 7 月 9 日—7 月 14 日	民航华东空中安保能力建设提升活动之机组安保业务知识竞赛
2018 年 9 月 20 日—9 月 21 日	为华东地区空中安全能力建设提升活动第三阶段空中安保执勤技能业务培训班授课
2018 年 9 月 27 日—9 月 29 日	参加空警二支队民航机上突发事件处置模拟舱环境培训考核体系建设项目专题研讨会
2018 年 9 月 30 日	长龙航空专职安全员招聘会
2018 年 10 月 18 日—10 月 20 日	参加"服务新时代、助力民航新发展"空中乘务专业人才培养交流会暨 2018 年全国空乘专业"星空联盟"年会
2018 年 10 月	《民航空中安全保卫专业人才培养与实践》获浙江省高等教育"十三五"第一批教学改革研究项目立项
2018 年 11 月 9 日	参加"春秋杯"2018 年全国民航乘务技能大赛

续表

时间	行业合作
2018 年 12 月 14 日	长龙航空保卫部来校推进空保专业学风整改转变
2019 年 3 月 1 日	东方航空公司研发中心来访交流
2018 年 3 月 25 日—4 月 5 日	赴上海民航职业技术学院听课学习
2019 年 4 月	受聘为中国民用航空飞行学院航空安全保卫学院客座教授
2019 年 5 月 16 日—5 月 18 日	举办全国首届狭小空间反劫持培训班（总第 18 期）40 人
2019 年 5 月 19 日—5 月 24 日	2019 年空警二支队警务专项技能第一期培训班（总第 19 期）55 人
2019 年 5 月 26 日—5 月 31 日	2019 年空警二支队警务专项技能第二期培训班（总第 20 期）55 人
2019 年 6 月 1 日—6 月 6 日	2019 年空警二支队警务专项技能第三期培训班（总第 21 期）55 人
2019 年 7 月 1 日	浙江在线报道民航空中安全保卫专业建设工作
2019 年 7 月	专业建设指导委员会成立
2019 年 8 月	"机舱内极端暴力袭击的应对"获 2019 年浙江省高职院校教学能力比赛二等奖
2019 年 10 月	获中国民航局公安局警官培训中心异常行为识别教员资质
2019 年 10 月 23 日	春秋航空来访交流
2019 年 11 月 3 日	赴国家民航局空警总队训练处、财务处交流
2019 年 11 月	参加国家民航局委托的民航机上突发性事件处置考核体系建设项目评审
2019 年 11 月	获中国民航局公安局警官培训中心第六期国家航空安保教员资质
2019 年 11 月	参加 2019 年全国空中乘务专业"星空联盟"年会

续表

时间	行业合作
2019 年 12 月	与中国人民武装警察部队特种警察学院签订特战搏击学科共建战略合作备忘录，受聘为客座教授
2019 年 12 月	学院老师受聘为四川西南航空职业学院客座教授
2020 年 2 月—7 月	长龙航空保卫部培训分部向方超经理授课空保专业核心课程"两扰行为防控"
2020 年 3 月	获司法部党组书记袁曙宏专报批示"王益烽老师见义勇为，勇救落水群众，难能可贵"，浙江省司法厅给予王益烽记个人三等功一次
2020 年 5 月 31 日	提前招生，东方航空、长龙航空、厦门航空、海南航空专家面试
2020 年 6 月	成为国家级 1＋X 空中乘务中级证书试点院校
2020 年 6 月 29 日	春秋航空安全员专场招聘会
2020 年 7 月	"利刃当前——罪犯持械行凶的处置"在学院 2020 年教学能力比赛中获特等奖
2020 年 8 月	空保综合实训模拟舱建成
2020 年 8 月	获 2020 年浙江省高职院校教师教学能力决赛二等奖
2020 年 9 月	新华社、《半月谈》以"严师与少年：挑战'催泪剂'练就'安防技'"为题专题报道学院师生刻苦训练场景，视频播放量达 130 多万人次
2020 年 9 月 21 日—9 月 25 日	全国空警综合业务培训班（总第 22 期）38 人
2020 年 10 月 11 日—10 月 16 日	空警二支队 2020 年度武器警械专项能力培训班（总第 23 期）20 人
2020 年 10 月 16 日	受邀指导长龙航空"武林风"首届航空安全员散打比赛
2020 年 12 月 3 日	长龙航空来院拍摄宣传片
2020 年 12 月 28 日	长龙航空安全员专场招聘会
2021 年 1 月 20 日—1 月 21 日	赴东方航空总部签署校企合作协议

续表

时间	行业合作
2021 年 1 月 26 日	成功加入国家民航局国际合作服务中心发起的中国民航"一带一路"合作平台
2021 年 2 月	"民航客舱里的空中卫士"获学院 2021 年度教师教学能力比赛团队一等奖、教学展示三等奖
2021 年 3 月	航空安保体技能一体化训练场建成
2021 年 3 月	"民航空中安全保卫专业人才培养链与产业链双链融合育人实践"荣获全国安防职业教育联盟"产教融合·校企合作"典型案例二等奖
2021 年 4 月 15 日—4 月 16 日	赴广州民航职业技术学院调研
2021 年 4 月 15 日—4 月 30 日	申报国家级职业教育教师教学创新团队
2021 年 5 月 8 日	赴浙江旅游职业学院参加春秋航空专职安全员招聘会
2021 年 5 月	海南航空机长为师生做报告
2021 年 5 月	聘任春秋航空肖飞、春秋航空张慧聪、华夏航空李三生为企业兼职教师
2021 年 5 月 25 日	长龙航空校企战略合作协议签约，教师赴长龙航空调研
2021 年 5 月	申报浙江省教学成果奖，学院二等奖
2021 年 6 月 16 日	长龙航空安全员教官培训班（总第 24 期）18 人
2021 年 6 月 21 日	春秋航空校企战略合作协议签约
2021 年 6 月 22 日	赴浙江旅游职业学院与春秋航空三方洽谈校际订单班事宜
2021 年 6 月 23 日	厦门航空乘务长为师生做报告
2021 年 7 月 6 日—7 月 8 日	春秋航空安全员管理部教员集训班（总第 25 期）21 人
2021 年 8 月 21 日	获 2021 年浙江省高职院校教学能力比赛一等奖

（二）具体做法

1. 省"最美教师"示范带头，创建国家级教师教学创新团队，提升教师教学水平，争做好老师

学院空保专业负责人荣获"最美教师"等诸多荣誉，独创机舱防卫与控制课程，首创体/技能融合式的警察防卫与控制技能课程改革实践，带领专业创建国家级教师教学创新团队，依托警务化管理、体/技能训练优势，不断提升教学能力。学院共聘任兼职教授、企业兼职教师36人，他们带给学生一线的实操技能经验，解决了教学内容、理念滞后的问题。与东方航空公司、长龙航空公司、春秋航空公司签订校企合作育人协议，凝聚共识，增加更多机会，明确会务、通报、沟通、共享、考核、激励、保障、师生锻炼实习机制等。校企合作模式以警务实战专家工作室为载体，积极服务行业，荣获浙江省教学能力比赛一等奖1次、二等奖2次，双向共促、提升专/兼职教师教学能力水平。（另见图2。）

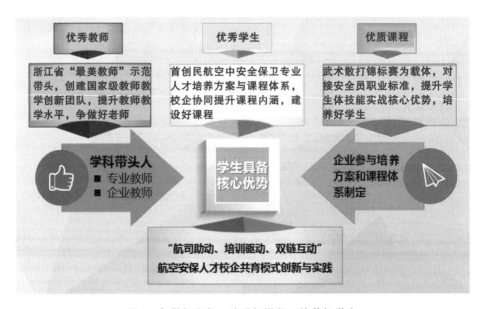

图 2　争做好老师、建设好课程、培养好学生

2. 首创民航空中安全保卫专业人才培养方案与课程体系，校企协同提升课程内涵，建设好课程

作为浙江省内唯一的空保专业，人才培养方案与课程体系的建立是一个长期过程。为保证人才培养方向的正确性，学院空保邀请行业专家、航空公司代表、航空公司在岗员工参与人才培养方案制定，把行业、岗位对人才的各方面最新需求写入方案，做到"按需育人"，解决了培养方案、课程体系滞后的问题。另一方面，国内外安保形势瞬息万变，空保的策略、侧重、方向、内容也在更新迭代，企业以课程体系为载体，对人才培养产生多维度影响，进一步丰富了课程内容。以课程体系改革为落脚点，聚焦人才培养方案实战导向。课程内容、实训模块、课时比例、开课顺序、教学方式、过程监控、质量评价等按照"实战有所需，教学必有应"的原则，剖析航空安全员岗位必需的核心能力；以"用"导学，突出教、训、战一体化，实现"育人"与"用人"无缝对接；加大航空安保行业网络资源共享力度和广度，注重精选航空安保典型案例；增强教材互动性、活页性、应用性，推进课程情境化、数字化、立体化。

3. 武术散打锦标赛为载体，对接安全员职业标准，提升学生体技能实战核心优势，培养好学生

防卫与控制体/技能实战能力作为空中安保的最后一道防线，其能力高低直接决定了安全员在机上履行职责时的底气与效果。学院空保专业以警校体/技能训练优势为依靠，以武术散打锦标赛为载体，以民航空中安全员岗位实战技能需求为指引，针对性提升学生的实战能力，培养学生的核心优势，使空保专业毕业生在众多"安兼乘"人才中凸显特色与实力。生源方面，在选拔过程中，通过与航空公司的深度合作，将其对毕业生的部分选拔标准进行了前置，以各航空公司企业标准为基础，坚持"选严不选松""选高不选低"的原则，提前制定招生标准，从源头上保障学生的质量。以实战能力提升为突破点，增强校企合作育人合力。坚持问题导向，校企双方通过挂职锻炼、专题研讨、课题研究、学术讲座、案例分析、导师团队、论文答辩、成果鉴定、教材编写、实战演练、课程选修、创新训练、联席会议、合作简报、专项培训、汇报表演等多种形式，积极构建并完善实践教学平台和内容，坚持"练、研、赛、评"相结合，"教、学、练、战"一体化，探索多元化实战教学路径，输出高素质航空安保人才。

三、成果成效

（一）警校体技能优势辐射，行业主动融入，校企双向自觉填补省航空安全员培养空白

浙江警官职业学院聚焦航空安保实战，获全国高校微课教学比赛一等奖、全国高职院校教学改革优秀案例一等奖、浙江省高校微课教学比赛一等奖、浙江省高职院校教学能力比赛一等奖，学院空保专业负责人获浙江省"最美教师"、省高校优秀教师、省教坛新秀、省高校优秀青年教师等，教学成果辐射民航、公安、司法等领域。行业相关单位主动对接学院空保专业，校企协同双向自觉填补浙江省航空安全员培养空白（图3）。

（二）招生培养就业人才培养链与招聘培训研发产业链全过程优势互补、校企双链融合

以行业培训为总抓手，举办了 25 期全国民航空防安全培训班，该培训班结业学员受聘为公安部、司法部、中国特警学院、中国民航飞行学院等 40 多家单位客座教授与教官，赴全国授课 120 余场。参与制定国家民航局机上突发性事件处置考核标准与训练指南，掌握产教融合主导权。

（三）课程思政引领，警魂忠诚铸造，坚定回答"培养什么人、怎样培养人、为谁培养人"的问题

不忘初心为党育人、为国育人，努力把学生培养成维护国家空防安全、文武双全的坚定力量。以学院空保专业负责人为榜样，以勇夺第一的

行业主动融入，填补省航空安全员培养空白

全国高校微课教学比赛一等奖、全国高职院校教学改革优秀案例一等奖、学院空保专业负责人获浙江省"最美教师"、省高校优秀教师、省教坛新秀等荣誉
国家民航局、华东管理局、民航浙江监管局、各航司相继主动对接我方

招生培养就业全链条，校企联合

举办23期全国民航空防安全培训班
受聘为公安部、司法部、中国特警学院、中国民航飞行学院等40多家单位客座教授与教官，赴全国授课120余场

课程思政引领，警魂忠诚铸造

全国武术散打锦标赛勇夺第一
特别讲政治，特别守纪律，特别能格斗，特别能吃苦，特别甘奉献，特别重团结，特别有担当。
学生入职东方航空、长龙航空、春秋航空、上海航空、吉祥航空、海南航空等单位

图3 成果辐射民航、公安、司法等领域

全国武术散打锦标赛为载体，以警务化管理为依托，以课程思政为引领，向东方航空、长龙航空、春秋航空、上海航空、吉祥航空、海南航空等单位输送优秀毕业生。

四、经验总结

（一）关键要素

教学成果辐射民航、公安、司法等领域，广受国家级媒体关注，校企协同育人模式受国家民航局肯定。

教学视频为国家民航局典型教程，参与制定国家民航局机上突发性事件处置考核标准与训练指南。

举办全国民航培训班 25 期，经国家级教学创新团队推荐，结业学员受聘为全国民航与政法单位客座教授与教官。

教学资源库与课程体系对接安全员职业标准，校企共育实战人才，学生获全国散打比赛团体冠军。

国际教学交流广泛，输出民航空中安全保卫专业人才培养的中国方案，展示中国气派、中国精神。

（相关情况请另见图 4。）

教学成果辐射民航、公安、司法等领域，广受国家级媒体关注，校企协同育人模式受国家民航局肯定

国际教学交流广泛，输出民航空中安全保卫专业人才培养的中国方案，展示中国气派、中国精神

教学视频为国家民航局典型教程，参与制定国家民航局机上突发性事件处置考核标准与训练指南

举办全国民航培训班23期，经国家级教学创新团队推荐，结业学员受聘为全国民航与政法单位客座教授与教官

教学资源库与课程体系对接安全员职业标准，校企共育实战人才，学生获全国散打比赛团体冠军

图 4　成果关键要素提炼

（二）下一步的举措

1. 共建全国航空安保职教联盟、构建校企合作育人共同体

成立全国航空安保职教联盟，推进产业链需求侧与人才培养链供给侧双向发力。

2. 共建全国空保师资培养基地与全国航空安全员培训基地

培育校企共建的空保师资培养基地，为全面提高航空安保复合型实战人才质量提供强有力的师资支撑。

3. 共建国家级空保教学资源库，对接空保职业标准 X 证书

聚焦极端暴力事件防控技战术运用、非法干扰行为与扰乱行为处置、异常行为识别与犯罪防控、民航安保法律法规、航空安保英语、航空安全员政治与纪律素养、民航智慧安防技术与应用七大课程模块，建设国家级航空安保教学资源库与职业标准 X 证书。

五、推广应用

近些年民航业深受新冠肺炎疫情冲击，航空公司经营遭遇困难。在浙江警官职业学院民航空中安全保卫专业团队的努力下，校企合作依然紧密，与东方航空、长龙航空、春秋航空签署战略合作协议，举办专场招聘会。"航司助动、培训驱动、双链互动"。航空安保人才校企共育创新模式，适用于全国 43 所开设民航空中安全保卫专业的院校。校企双方秉承"一起为国家空防安全事业培养航空安保实战型人才"的理念，协同建链、补链、延链、强链，为全国空防安全和社会治安大局的持续稳定提供强大人才支撑。

北京政法职业学院与首都机场校企"双主体"人才共育机制的探索与实践[①]

一、学校简介

北京政法职业学院是经北京市人民政府批准、教育部备案的公办全日制普通高等职业院校，隶属于中共北京市委政法委。北京政治职业学院1982年建校，目前为北京市示范性高等职业院校，首批北京市职业教育特色高水平骨干专业（群）建设单位。学校设有中共北京市委政法委党校，承办北京政法网，不仅是北京市高级人民法院和北京市人民检察院指定的司法辅助人才（法官和检察官、书记员、法警等）培养基地，也是首都司法干警培训基地。在办学过程中，学校坚持立足北京、服务政法、服务社会的办学宗旨，以更新教育理念为先导，以改革创新为动力，强化内涵、质量建设，突出立德明法、重能强技人才培养特色，在培养法律辅助、基层法律实务工作和中高层次安保等高素质应用型人才方面取得了显著成就。建校以来，学校已为政法行业和社会输送了三万多名合格毕业生。

---

① 本案例被评为全国安防职业教育联盟"产教融合·校企合作"典型案例三等奖。作者：海南，北京政法职业学院安全防范系副主任，研究领域为高职教育管理；杨春，北京政法职业学院安全防范系主任，研究领域为安全防范技术。

学校现设有社会法律工作系、安全防范系、应用法律系、经贸法律系、信息技术系、基础部等五系一部，开办 24 个专业，全日制在校生 4000 人。目前有市级优秀专业教学团队和创新团队 5 个，市级教学名师、专业带头、特聘行业专家、优秀青年骨干教师 45 人；中央和北京市重点支持建设专业 5 个；中央和北京市重点支持建设实训基地 5 个；国家级职业教育法律文秘专业教学资源库 1 个；北京市职业教育特色高水平骨干专业（群）1 个；国家及省部级精品课程 9 门；国家及省部级优秀教学成果奖 13 项。近五年（2015—2020 年），学生获得国家职业技能大赛奖 10 余项、省部级及全国行业职业技能大赛奖 200 余项。学院多次承担国家社科基金项目，以及全国人大法工委、中央政法委、中国法学会、司法部、北京市委政法委、北京市法学会等单位的多类型科研项目，在应用法律研究方面取得了丰硕成果。

二、系部、专业群介绍

安全防范系的前身为北京市第三人民警察学校，现有在校生 752 人，教职工 39 人。其中专任教师 29 人，全部为"双师"素质教师，副高级以上职称占比 44%。基于国内安全保卫专业、安全防范技术专业和消防工程技术专业的学科基础相邻、产业链联系紧密、职业岗位群相通等特点，学校打造了以特色专业"国内安全保卫"为龙头，以支撑专业"安全防范技术"和"消防工程技术"为两翼的安保专业群。2019 年安全防范系相关专业被评为北京市首批特色高水平骨干专业、教育部创新行动计划认定重点专业群，也是学校特色品牌专业群之一。

安全防范系专业群办学特色突出、示范作用显著、服务社会能力强，先后参与北京市职业教育分级制改革、北京市专业与产业契合度专项指定专业改革等项目，以及首个全国安保专业国际合作办学项目，为引领安保职教深化改革、构建现代安保职业教育体系、创新安保职业教育新模式进行了积极探索。安全防范系专业群先后获得 1 个国家教育教学成果二等奖、1 个司法部职业教育教学成果一等奖、4 个北京市职业教育教学成果二等奖，陆续接待全国二十余所司法类院校、一百余家企业约 1000 余人次的学习交流与考察培训。

三、专业群开展"产教融合·校企合作"整体情况

安全防范系专业群从行业企业需求出发，以学习者为中心，专业与产业对接、学业与企业对接的人才培养原则，践行校企合作、产教融合、工学交替、顶岗实习的人才培养模式。该专业群跨界整合构建了由政府主管、行业指导、企业参与、学校主导的安保职教联盟。面向大安保的教育链、产业链、价值链和企业岗位群，培养符合首都"四个中心定位"和服务"一带一路"倡议所需的国际化、专业化、职业化技术技能型安保人才。经过近十年的探索、实践与创新，该专业群充分发挥独特的集群优势，在专业动态调整、人才培养培训、课程体系构建、实训基地建设、顶岗实习与就业等方面成效显著。

为紧密围绕首都四个中心定位，满足首善之都、平安城市、雪亮工程等城市管理和社会建设对安全保卫人员、安全工程技术人员的巨大需求，安全防范系专业群始终坚持搭建"产教融合、校企合作"平台，不断调整专业设置和人才培养方向，以契合首都安保、安防、消防产业转型升级需要。一是根据首都和全国航空事业发展需要，为更好地满足首都国际机场和北京新机场对航空安保人才的需求，学校与首都机场航空安保有限公司和广慧金通教育科技公司合作办学，开展航空安保人才订单培养。二是随着司法体制改革的推进，为破解首都地区警力不足的瓶颈以及法院、检察院系统对法警的需求，开设警务管理专业方向。三是根据行业企业的业务发展和用人需求，开设注册消防工程师专业方向和民航安全防范技术专业方向。四是主动服务于首都区域经济发展和"一带一路"倡议，引入国际先进职业标准和优质教育资源，开办国内首个安保专业中外合作办学项目和北京市高端技术技能人才贯通培养海外安全管理专业项目。学校还特别围绕北京城市副中心建设规划，针对北京

环球度假区（UBR）这一地标性大型主题乐园对涉外安保专业人才的需求，开办北京环球度假区订单班。

安全防范系专业群顺应首都产业结构调整和升级需要，专业结构与产业结构、毕业生流向与产业人才需求契合度较高，为首都经济发展培养了一批高素质安保人才，提供了人才支撑和智力支持。

四、具体校企合作项目

项目名称：北京政法职业学院与首都机场航空安保有限公司"双主体"人才共育机制的探索与实践。

合作项目内容如下。为满足企业人才需求，首都机场航空安保有限公司与北京政法职业学院开展校企合作，双方于 2015 年 5 月签订战略合作协议，共同组建航空安保学院，积极开展合作办学。2016 年 6 月双方再次签署共建航空安保学院的补充协议，坚持"资源共用、任务共担、人才共育、成果共享"原则，设置航空安保学院管理委员会及其常设机构，校企双方不断健全完善合作机制，共建航空安保学院，健全组织结构，建章立制，科学制定发展规划，并定期研讨和会商，积极开展"双主体"人才共育机制的探索与实践。在共建过程中，双方逐步实现了产教融合、技术融合、管理融合、文化融合，在专业建设、人才培养、师资团队建设、实训基地建设、课程改革、学生实习实训等方面成绩显著，进一步开拓了校企双方在技能培训、鉴定考核、社会服务等领域的深层次合作。借助企业优质资源和共享平台，北京政法职业学院进一步深化专业建设与课程改革，加大人才培养力度，提升人才质量，增强学院社会服务能力，彰显办学功能；企业也借助学校的教育资源，在技术研发、项目实施、内部管理和人才保障等方面破解难题，提升等级，扩大影响力，最终实现校企合作的"双赢"。

五、合作方介绍

北京首都机场航空安保有限公司成立于 2006 年 10 月 10 日，隶属于北京首都国际机场集团公司，受雇于首都机场，主要向航站楼派遣安全检查人员、安全保卫人员（也就是航空安检和航空安保），是中国境内首家具有独立法人资格的航空安保专业公司。

北京首都机场航空安保有限公司现有员工四千余名，以"成为国内机场航空安保领域的领军企业"为愿景，以确保航空安全为首任，积极对外开拓。在经营范围内公司为中外航空企业提供地面保障服务、航空安全检查、航空安全保障培训、航空安全专业化设备维护、航空安全保障咨询服务等，建立统一的航空安保专业服务品牌形象。公司以"服务首都机场、确保航空安全"为宗旨，实行标准化、规范化的运作，逐步形成航空安保专业化管理、独立运行、保障安全的经营能力与模式，并不断增强市场核心竞争力，将公司打造成为国内外航空安保行业的精品企业。

六、合作过程、内容

（一）组织结构

根据校企合作协议，双方联合组建"航空安保学院管理委员会"（以下简称管委会），主任由北京政法职业学院领导担任，副主任由首都机场航空安保有限公司领导担任，委员会委员由双方指定主要职能部门负责人担任，双方委员比例为 6：4。管委会下设管理办公室（以下简称管委会办公室），由北京政法职业学院安全防范系组建并负责其日常运转，北京首都机场安保有限公司派出专职工作人员参与管委会办公室的日常管理工作。

管委会下设的常设机构及职能如下：

（1）航空安保学院管理办公室：负责航空安保学院的日常教务管理、

培训管理、行政事务管理工作，协调校企双方在教学、实习、就业过程中的相关事项等。

（2）各教研部：在北京政法职业学院安全防范系现有教研室的基础上，根据订单培养的需要，加强航空安保专业方向建设，并在防爆安检、安防技术、消防技术等其他专业课程领域开展教学、科研、社会培训等工作。

（3）学生管理办公室：负责根据企业的用人需求，对学生实施教育管理，并与企业密切配合做好相应的实训管理、就业指导等工作。

（二）资源整合

1. 共建一体化实训基地

校企合作过程中，首都机场航空安保有限公司充分发挥自身独特优势，整合软硬件资源，积极打造学生实习、实训、考核、鉴定和就业一体化基地。一方面，依托首都机场航空安保有限公司业务特点及开展职业培训的相关资源，共建共享"危险品"识别图库以及航空安检实训室，为学生实践课程和实训模拟提供平台；另一方面，打通学生就业通道和晋升通道，根据人才培养规律安排订单班学生开展跟岗和顶岗实习，并实现实习、就业一体化。帮助订单班中的优秀毕业生迅速成长为一线业务骨干，并在职务晋升等方面给予政策倾斜和重点培养。

2. 共担教学资源保障

校企共同开展校内实训基地建设和实训设备购置。首都机场航空安保有限公司与北京政法职业学院针对教学、职业资格证书鉴定和实训需要，设计实训环境、购置实训设备。公司还在专业建设起步阶段为校内教学实训提供了安检仪器、设备、危险品样品和教学软件等急需设备，并为在校开展"民航安全检查员"职业资格证书培训与鉴定提供了全部课程标准和配套教学资源，为理论教学和技能训练提供了坚实保障。

3. 共组教学与管理团队

首都机场航空安保有限公司根据校企合作协议，专门选派 1 名管理人员常驻北京政法职业学院，负责航空安保学院建设运行中的校企协调、订单班学生职业素养与职业认知教育、企业文化宣传等工作。同时，公司为订单班学生开展"民航安全检查员"职业资格证书的教学和鉴定，每学期都选派专职培训师到校进行教学和实训指导，并对前往企业开展顶岗实习的学生委派指导教师，为前往企业进行实践锻炼的北京政法职业学院教师提供业务指导。与此同时，北京政法职业学院为企业培训师提供了职业教师教学能力培训项目，逐步形成了校企共建共享的专兼职教学与管理团队。

4. 共研人才培养方案

校企双方根据航空安保人才岗位需求和成长规律，开发制订了以课证融通、工学交替为显著特色的人才培养方案。学历课程与职业资格证书课程融为一体、体现航空职业技能培养特殊要求的课程体系，既符合高职院校的教学常规要求，又体现了认知、跟岗、顶岗层层递进，校内实训和岗位实践无缝衔接的特点，从而缩短了学生职业成长的周期，提升了育人质量，有效减轻了学生及其家庭经济负担。

（三）合作模式

航空安保学院在招生管理、教学管理、实训管理三个环节中，采取"一方主导，另一方全程参与"的管理方式。其中，招生管理和教学管理方面主要采取"校方主导，企业全程参与"的管理方式；实训管理方面主要采取"企业主导，校方全程参与"的管理方式。

1. 招生就业

企业提供人力资源需求和标准，学校协调招生计划，双方共同开展招生宣传，做好毕业生实习、就业服务。

2. 教学培训

航空安保学院下设各专业机场订单班的人才培养方案和课程体系须由专业所在的安防系与公司培训部门共同研讨修订，充分体现职业教育"五对接"的要求，实现"课证融通"。通过合理规划，使订单班学生在校学习期间完成五级民航安全检查员职业技能鉴定培训并取证。在校学习期间的课程教学由甲方主导，乙方培训部门配合；顶岗实习期间的学习指导由乙方主导，甲方配合。

3. 学生管理

航空安保学院学生在校学习期间的日常管理由学校负责，企业派驻相关管理人员协助指导。学生顶岗实习期间依照企业管理制度，以企业方管理为主，校企双方共同负责。

4. 实习就业

双方根据人才培养方案，落实订单班学生的认知实习、跟岗实习和顶岗实习实践教学环节。顶岗实习期间企业须提供相应的实习费用、食宿保障、跟岗指导及职业培训。校方须安排专业教师配合企业开展实习指导，帮助学生完成毕业环节相关工作。对于双方共同培养的合格毕业生，通过企业录用考核，符合企业用人标准的，毕业前经企业、学生双向选择，由企业聘用到相应级别工作岗位。合格毕业标准由航空安保学院管理委员会议定。

5. 师资培养

将企业建设成为学校专业教师的实践锻炼基地，为顺利开展人才培养，有计划地组织航空安保学院专业教师参加防爆安检等相关职业资格培训和岗位实践锻炼。双方安排接受培训后的教师积极承担学生在校期间的职业证书培训教学任务，以及实习指导任务。

6. 社会服务

校企联合开展面向社会的职业培训，由校企双方协商培训模式和培训方案，以专项协议形式约定，共同开展实施。如，面向公检法系统开展法警的安检技能培训，面向武警部队开展的警卫、随身护卫技能培训等业务。

（四）合作机制

1. 管理机制

校企双方共建的航空安保学院实施"管委会制"，涉及航空安保学院发展的重大事项，需经管委会集体审议，通过后实施。

管委会议事规则坚持民主集中制，凡属重大事项，都按照"集体领导、民主集中、个别酝酿、会议决定"的原则处理。具体议事规则可根据校企双方意见，另行协商决定。其事项涉及校企双方需向上级主管部门汇报的事项，须严格执行相关报告、请示程序，得到上级主管部门批准后，再由管委会集体议定后具体实施。

2. 工作机制

1）工作年会

每学年末举行管理委员会年会，总结上一学年工作，制定下一学年工作要点，商定航空安保学院管理运行中的重大事项。

2）季度会商和临时会商

根据教学运行的流程，每季度管理委员会内校企双方相关委员需至少举行会商一次，管委会主任或副主任认为必要时可临时召集会商，并邀请校企双方相关职能部门负责人联席召开。

3）定期例会

管委会办公室协调航空安保学院下设部门每两周召开工作例会一次，遇需要管理委员会会商决策的重大事项，由管委会办公室在定期例会上经讨论提出初步意见后，报管理委员会会商决策。

3. 资源投入与费用支付机制

1）资源投入

航空安保学院始建阶段，学院建设由校方根据教学需要投入相应的场地、设施设备、师资和管理保障；校外实训基地建设由企业根据教学需要投入相应的场地、设施设备、师资和管理保障。

2）费用支付

按照国家职业教育有关政策，校方在收取首都机场航空安保有限公司冠名订单班学生的学费后，根据校企双方相应的教学投入，每学年按照协议约定由校方向企业支付校企合作费用（含课时费用）。此外，按照国家有关规定，在校参加民航安全检查员职业技能鉴定的学生，其本人需向民航局职业技能鉴定指导中心缴纳职业技能鉴定费用。每学年校企合作费用列入校方年度预算，并经企业方认定、学校党委会审核公示后，按财务制度予以支付。

七、合作成效

（一）企业深度参与专业群建设

1. 倾力专业建设，"特高"项目成功获批

首都机场航空安保有限公司始终坚持"人才是第一资源"的理念，高度重视航空安保专业人才的培养和培训，全过程、全方位、多层次参与学院专业建设。2018年11月，北京政法职业学院联合首都机场航空安保有限公司共同申报北京市首批"特色高水平职业教育骨干专业群"（简称特高专业群）项目，安保专业群成功获批。该项目是北京职业教育契合首都"四个中心"定位，推进产教深度融合、校企紧密合作，高水平培养高素质技术技能人才，提升北京国际化大都市城市服务品质，促进产业转型升

级和经济社会发展的重大建设项目。安保"特高"专业群作为全市唯一校企联合申报共建的专业群项目，再次明确了未来三年校企联合深化专业建设改革和人才培养工作的计划书和任务表，提高校企合作水平，特别是企业深度参与职业教育的水平和能力提升到新的高度。

2. 校企协同育人，培养模式获殊荣

企业全程参与人才培养。校企共同招生招工、共商培养目标、共议课程开发、共组师资队伍、共创培养模式、共建实习基地、共搭管理平台、共评培养质量。为持续巩固合作成果，进一步探索合作机制及人才培养模式，校企双方设立"管委会"，实施例会制度，紧密围绕战略合作要求，积极开展研讨，梳理、总结合作成效。特别是高度关注退役士兵这一特殊的高职生源群体的特色培养模式的探索，专门针对退役士兵学生独立设置订单班，独立设置课程体系，校企协同负责日常和实习管理。在双方几年的共同努力下，"退役士兵'三特双协同'人才培养首都模式创新与实践"荣获国家级教学成果二等奖，司法部职业教育教学成果一等奖，北京市职业教育教学成果二等奖。

（二）优势互补助推校企协同发展

校企合作要实现长期共赢发展，关键要解决企业作为合作办学主体的主动性、积极性，也就是要保证校企双方通过有效的合作机制，实现合作共赢和可持续发展。

1）助力企业职工队伍建设

通过合作办学项目，国内安全保卫专业和安全防范技术专业分别开设首都机场订单班共12个，合作培养学生450余名。已有两届毕业生，100余名学生顺利进入公司工作，主要从事安检、管理等一线工作，为首都机场和大兴国际机场输送了急需的航空安保技术技能人才。

与此同时，公司充分利用学校的专业优势和师资优势，对所属40余名专兼职培训教员开展针对性、专业化的教学理论和教学技术培训不少于1次，学校协助公司开展高级培训教员选拔考试2次，学校承担了方案制

定、出题、阅卷、担任面试考官等工作，按公司期望，保证了选拔工作规范实施。

2）促进办学效益提高

校企合作以来，双方无论经济效益还是社会效益都得到了提升。

一是合作育人，降低培训成本。校企联合培养的学生直接到公司实习就业，缩短了公司员工培训周期，降低了培训费用。同时，校企共同培养的学生契合公司实际需求，进入公司后能够在最短的时间内为公司创造效益。

二是校企合作，提高社会效应。通过校企合作，借助学校在区域内行业、企业的知名度和影响力，进一步扩大了公司的社会知名度，从而带动了公司经济效益的提升。与此同时，订单培养也进一步丰富了安保专业群的专业方向，提升了社会美誉度，取得了良好的招生效果，扩大了安保专业群的办学规模。

三是协同开发专业课程，开发"危险品的识别与处置"等专业课程，共同优化了民航安全检查员职业证书课程融入订单班课程体系后的课程标准。

四是共同申报教育部"1+X"职业技能等级证书试点项目。

五是为企业提供智库服务。学校协助公司完成3D虚拟实训平台开发建设，并先后协助企业完成了多个项目规划、信息咨询、专家论证等工作。

（三）创新机制谋共赢

为实现产教深度融合，校企双方不断健全完善合作机制，共建航空安保学院。健全组织结构，建章立制，科学制定发展规划，并开展定期研讨和会商。借助企业优质资源和共享平台，北京政法职业学院进一步深化专业建设与课程改革，提升人才培养质量，提高社会服务能力，彰显办学功能；企业也借助学校的教育资源，在技术研发、项目实施、内部管理和人才保障等各方面破解难题，获得支持，提升等级，扩大影响，最终实现校企合作"双赢"。

八、经验与启示

当前，高职院校和企业发展都面临着科技创新和人才竞争的巨大压力，都在积极探索校企合作、产教融合的新模式。尽管首都机场航空安保有限公司与北京政法职业学院的合作取得了突出成效和标志性成果，但在合作过程中仍然发现有一些问题亟待破解。

（一）健全机制体制，实现可持续发展

建议政府出台落实企业参与职业教育的实施细则，一方面，对企业参与校企合作的权利和义务等方面做出明确具体的规定，将企业纳入职业教育体系，成为职业教育的真正主体，激发企业参与办学、协同育人的主动性和积极性；另一方面，建立完善的奖惩机制，出台相应的配套细则，明确如何弥补企业参与办学过程所产生的费用和成本，落实为企业减税或补贴等实质性措施，让企业在校企合作中的付出得到经济效益、社会效益回报等多方面体现，这样才能在制度层面上真正破解校企合作校方一头热的问题，激发职业教育的办学活力。

（二）强化社会责任意识，发挥企业主体作用

应进一步提升企业参与职业教育校企合作的动力，激发企业的社会责任感。职业教育与企业联系非常紧密，职业院校处于技术技能人才产业链的"生产"环节，企业处于"消费"环节。按照获利回报原则，企业除在合作中获得相应效益之外，理应肩负起参与职业教育校企合作的责任。企业需要从认识上摆脱职业教育局外人的误区，应积极参与到职业教育中来，在人力、物力、财力上给予积极支持，促进校园文化与企业文化融合，共同提高人才培养质量。

（三）深化工学一体理念，探索校企共赢机制

从学校层面来说，在教学方面常常存在一些"固定思维和固定工作模

式",表现在诸如学期安排、教学常规运行和工学交替的教学保障与考核等方面,从而与企业实际工作和职业人才成长要求不一致。建议从企业实际需求出发,加强弹性学制的设计,真正重视学生本位和企业利益,为专业的特色人才培养模式提供教学保障。

国家产教融合建设试点实施方案

（发改社会〔2019〕1558 号）

产教融合是促进教育链、人才链与产业链、创新链的有机衔接，是推动教育优先发展、人才引领发展、产业创新发展、经济高质量发展相互贯通、相互协同、相互促进的战略性举措。为贯彻落实党中央、国务院关于深化产教融合改革部署，在全国统筹开展产教融合型城市、行业、企业建设试点，制定本实施方案。

一、总体要求

（一）指导思想

以习近平新时代中国特色社会主义思想为指导，全面贯彻党的十九大和十九届二中、三中全会精神，深入贯彻全国教育大会精神，坚持新发展理念，坚持发展是第一要务、人才是第一资源、创新是第一动力，把深化产教融合改革作为推进人力人才资源供给侧结构性改革的战略性任务，以制度创新为目标，平台建设为抓手，推动建立城市为节点、行业为支点、企业为重点的改革推进机制，促进教育和产业体系人才、智力、技术、资本、管理等资源要素集聚融合、优势互补，打造支撑高质量发展的新引擎。

（二）试点原则

统筹部署、协调推进。坚持政府主导，发挥市场作用，形成各方协同共进的工作格局。充分发挥城市综合承载改革功能，以城市试点为基础，突出城企校联动，统筹开展行业、企业试点。

优化布局、区域协作。根据国家区域发展战略和产业布局，综合考虑区域发展水平，重点支持有建设基础、改革意愿、带动效应的城市开展试点。承担试点任务的东部地区城市，要围绕打赢脱贫攻坚战，开展结对帮扶和对口支援，带动中西部地区发展。

问题导向、改革先行。集中力量破除体制障碍、领域界限、政策壁垒，下力气打通改革落地的"最后一公里"。下好改革"先手棋"，健全制度供给和体制机制，重点降低制度性交易成本，推动实现全要素深度融合。

有序推进、力求实效。坚持实事求是、扶优扶强，根据条件成熟程度，分期开展建设试点，不搞平衡照顾，防止形成政策洼地。坚持因地因业制宜，促进建设试点与经济结构调整、产业转型升级紧密结合，推动经济发展质量变革、效率变革、动力变革。

二、试点目标

通过 5 年左右的努力，试点布局建设 50 个左右产教融合型城市，在试点城市及其所在省域内打造一批区域特色鲜明的产教融合型企业，在全国建设培育 1 万家以上的产教融合型企业，建立产教融合型企业制度和组合式激励政策体系。

通过试点，在产教融合制度和模式创新上为全国提供可复制的经验，建立健全行业企业深度参与职业教育和高等教育校企合作育人、协同创新的体制机制，推动产业需求更好融入人才培养过程，构建服务支撑产业重大需求的技术技能人才和创新创业人才培养体系，形成教育和产业统筹融合、良性互动的发展格局，基本解决人才供需重大结构性矛盾，教育对经济发展和产业升级的服务贡献显著增强。

三、试点对象

国家产教融合建设试点对象包括以下几点。

（一）产教融合型城市

从 2019 年起，在部分省、自治区、直辖市以及计划单列市，试点建设首批 20 个左右产教融合型城市。适时启动第二批试点，将改革向全国推开。试点城市应具有较强的经济产业基础支撑和相对集聚的教育人才资源，具有推进改革的强烈意愿，推出扎实有效的改革举措，发挥先行示范引领作用，确保如期实现试点目标。除计划单列市外，试点城市由省级政府推荐，直辖市推荐市辖区或国家级新区作为试点核心区。面向区域协调发展战略，统筹试点城市布局，中西部地区确定试点城市要适当考虑欠发达地区实际需求。

（二）产教融合型行业

省级政府在推动试点城市全面深化产教融合改革基础上，依托区域优势主导产业或特色产业集群，推进重点行业、重点领域深化产教融合，强化行业主管部门和行业组织在产教融合改革中的协调推动和公共服务职能，打造一批引领产教融合改革的标杆行业。

（三）产教融合型企业

积极建设培育一批深度参与产教融合、校企合作，在职业院校（含技工院校）、高等学校办学和深化改革中发挥重要主体作用，在提升技术技能人才和创新创业人才培养质量上发挥示范引领作用的产教融合型企业。

四、试点任务

在深化产教融合改革中，充分发挥试点城市承载、试点行业聚合、试点企业主体作用，结合深化国家职业教育改革，重点聚焦以下方面先行先试。

（一）完善产教融合发展规划和资源布局

健全产教融合与经济社会发展同步联动规划机制。在城市规划建设、产业园区开发、重大项目布局中，充分考虑教育和人力资源开发需求，将产教融合发展作为基础性要求融入相关政策，同步提出可操作的支持方式、配套措施和项目安排。有条件的地方要以新发展理念规划建设产教融合园区。大力调整优化职业教育布局，推进资源向产业和人口集聚区集中。开展东部对口西部、城市支援农村的职业教育扶贫，推动农村贫困地区学生到城市优质职业院校就学。

（二）推进产教融合校企合作人才培养改革

将培育工匠精神作为中小学劳动教育的重要内容。以生产性实训为关键环节，探索职业教育人才培养新模式。发挥企业重要主体作用，深度开展校企协同育人改革，推进职业院校人才培养与企业联盟、与行业联合、同园区联结，在技术类专业全面推行现代学徒制和企业新型学徒制。重点推动企业通过校企合作等方式构建规范化的技术课程、实习实训和技能评价标准体系，提升承担专业技能教学和实习实训能力，提高企业职工教育培训覆盖水平和质量，推动技术技能人才企业实训制度化。推动大企业参与职业教育和专业学位研究生教育办学，明显提高规模以上工业企业参与校企合作比例。健全需求导向的人才培养结构动态调整机制，建立紧密对接产业链、服务创新链的学科专业体系。推动高等学校和企业面向产业技术重大需求开展人才培养和协同创新，提高应用型人才培养比重。

（三）降低校企双方合作的制度性交易成本

重点解决校企合作信息不对称、对接合作不顺畅、评价导向不一致等突出问题。探索建设区域性产教融合信息服务平台，促进校企各类需求精准对接。常态化、制度化组织各类产教对接活动，推动院校向企业购买技术课程和实训教学服务，建立产业导师特设岗位，推动院校专任教师到企业定期实践锻炼制度化，促进校企人才双向交流。推进行业龙头企业牵头，联合职业院校、高等学校组建实体化运作的产教融合集团（联盟），搭建行业科研创新、成果转化、信息对接、教育服务平台，聚合带动各类中小企业参与。探索校企共建产教融合科技园区、众创空间、中试基地，面向小微企业开放服务。建设校企合作示范项目库。

（四）创新产教融合重大平台载体建设

创新实训基地建设和运行模式，试点城市要按照统筹布局规划、校企共建共享原则建设一批具有辐射引领作用的高水平、专业化产教融合实训基地。产教融合实训基地要更多依托企业建设，优先满足现代农业、先进制造业、战略性新兴产业以及家政、养老、健康、旅游、托育等社会服务产业人才需求。面向高质量发展的若干重点领域，推动"双一流"建设等高校、地方政府、行业企业共建产教融合创新平台，协同开展关键核心技术人才培养、科技创新和学科专业建设，打通基础研究、应用开发、成果转移和产业化链条。

（五）探索产教融合深度发展体制机制创新

健全以企业为重要主导、高校为重要支撑、产业关键核心技术攻关为中心任务的高等教育产教融合创新机制。完善现代学校和企业治理制度，积极推动双方资源、人员、技术、管理、文化全方位融合。围绕生产性实训、技术研发、检验检测关键环节，推动校企依法合资、合作设立实体化机构，实现市场化、专业化运作。各地可在指导开展城市试点基础上，结合实际对省域内推开产教融合型行业、企业试点的具体任务做出规定，制定建设培育产教融合型企业的具体措施。省级政府要统筹资源配置，将承担试点任务、推进改革成效作为项目布局和投资安排的重要因素，积极加大投入，形成激励试点的政策导向和改革推力。开展国家产教融合型企业建设试点的中央企业、全国性特大型民营企业，组织实施工作由国家发展改革委、教育部会同有关部门负责。

五、试点支持政策

（一）落实组合投融资和财政等政策激励

中央预算内投资支持试点城市自主规划建设产教融合实训基地，优先布局建设产教融合创新平台，对建设成效明显的省份和试点城市予以动态奖励。完善政府投资、企业投资、债券融资、开发性金融等组合投融资和产业投资基金支持，对重大项目跟进协调服务，吸引企业等社会力量参与建设。以购买服务、委托管理、合作共建等方式，支持企业参与职业院校办学或举办职业院校。试点企业兴办职业教育符合条件的投资，按规定投资额 30％的比例抵免当年应缴教育费附加和地方教育附加。试点企业深化产教融合取得显著成效的，按规定纳入产教融合型企业认证目录，并给予"金融＋财政＋土地＋信用"的组合式激励。全面落实社会力量举办教育可适用的各项财税、投资、金融、用地、价格优惠政策，形成清单向全社会发布。

（二）强化产业和教育政策牵引

鼓励制造业企业为新增先进产能和新上技术改造项目配套建设实训设施，加快培养产业技术技能人才。允许符合条件的试点企业在岗职工以工学交替等方式接受高等职业教育，支持有条件的企业校企共招、联合培养专业学位研究生。以完善"双一流"建设评价为先导，探索建立体现产教融合发展导向的教育评价体系，支持各类院校积极服务、深度融入区域和产业发展，推进产教融合创新。对成效明显的地方和高校在招生计划安排、建设项目投资、学位（专业）点设置等方面予以倾斜支持。

六、试点组织实施

(一) 加强组织领导

国家发展改革委、教育部、人力资源社会保障部、财政部、工业和信息化部、国务院国资委等负责国家产教融合建设试点的政策统筹、协调推进。省级政府及相关部门做好区域内建设试点组织实施工作。试点城市要坚持党委领导、政府主导，落实主体责任，将试点任务分解到位、落实到事、责任到人。

(二) 健全协调机制

省级政府和试点城市要建立工作协调机制，定期研究工作、及时解决问题。省级人才工作领导小组将深化产教融合改革纳入推进人才发展体制机制改革考核评价重要内容。试点城市要编制改革问题清单、政策清单，逐一落实。

(三) 强化总结推广

试点城市通过深化改革探索出的经验办法，特别是建设产教融合型企业有效措施，应及时向省级政府有关部门报送，在省域内复制推广。具有重大示范效应的改革举措，由国家发展改革委、教育部等按程序报批，在全国复制推广。

试点建设培育国家产教融合型企业工作方案

为贯彻落实党中央、国务院关于深化产教融合改革，支持大企业举办高质量职业教育的决策部署，稳妥有序开展国家产教融合型企业试点建设培育工作，制定本工作方案。

一、试点目标任务

聚焦经济高质量发展的关键领域，发挥大企业深化产教融合改革示范引领作用，力争到 2022 年，以中央企业和全国性特大型民营企业为重点，建设培育若干国家产教融合型企业（首批拟建设培育 20 家左右），努力使其成为引领推动所在行业领域深化产教融合改革的领军企业，在全国带动建设培育数以万计的制造业转型升级优质企业、急需紧缺产业领域重点企业以及养老、家政、托幼、健康等社会领域龙头企业的产教融合型企业。

二、试点重点领域

重点围绕现代农业、高端装备、智能制造、新一代信息技术、汽车船舶、航空航天、钢铁冶金、能源交通、节能环保、建筑装配、高端软件、普惠金融、社会民生等领域，建设培育国家产教融合型企业。根据试点开展情况，扎实有序拓展试点重点领域范围。

三、试点工作机制

试点建设培育国家产教融合型企业，坚持政府引导、企业自愿、平等择优、先建后认、动态实施基本原则，按照自愿申报、复核确认、建设培育、认证评价等程序开展国家产教融合型企业建设实施。

国家发展改革委、教育部会同有关部门建立工作协调机制，共同负责建设培育国家产教融合型企业的政策统筹、组织管理和监督实施工作，将建设国家产教融合型企业纳入国家产教融合建设试点统筹推进。

四、主要工作任务

（一）明确试点建设培育基本条件

国家发展改革委、教育部在深入调查研究和广泛征求意见基础上，商有关部门提出试点建设培育的企业重点行业领域，结合《建设产教融合型企业实施办法（试行）》的有关规定，明确试点建设培育国家产教融合型企业基本条件。国家发展改革委、教育部结合试点开展情况，可适时对基本条件作出调整。（国家发展改革委、教育部负责）

（二）建立公开多元信息征集通道

坚持社会公开征集、有关部门和地方推荐相结合。国家发展改革委、教育部共同向社会公开发布征集建设产教融合型企业的通知，指导有试点意愿、符合基本条件的企业按要求填报申报表并提供相关支撑材料。国务院国资委、全国工商联以及财政部、工业和信息化部、人力资源社会保障部、农业农村部、商务部、交通运输部、住房和城乡建设部、国家能源局等部门以及省级发展改革、教育行政部门可按规定向国家发展改革委、教育部推荐相应行业和地区试点企业，并根据职能职责，协同做好相关政策支持和推进实施工作。全国性特大型民营企业参与试点的由所在地省级发展改革、教育行政部门推荐并负责对其申报信息进行核实。有关部门和地方推荐的企业申报信息应由推荐单位负责核实。（国家发展改革委、教育部负责，有关部门参加）

（三）委托开展第三方咨询评议

教育部、国家发展改革委、财政部、人力资源社会保障部、工业和信息化部、国务院国资委等推荐专家组建国家产教融合型企业建设咨询专家组，对照相关条件和标准，按要求对申报企业信息进行复核评议，提出试点建设培育企业数量、范围以及认证标准和评价办法等决策咨询建议。教育部负责组织专家组开展日常工作。（教育部牵头，有关部门参加）

（四）按程序报批开展建设培育

试点建设培育企业建议名单由国家发展改革委、教育部报请国务院职业教育工作部际联席会议审议通过后，按程序向社会公示。公示无异议的，纳入国家产教融合型企业建设信息储备库，按规定开展建设培育工作。（国家发展改革委、教育部负责）

五、其他相关工作

为落实放管服改革要求，简化工作程序，国家发展改革委、教育部建立国家产教融合型企业建设信息服务平台。企业通过平台认真据实填报有关情况。经核查存在弄虚作假，故意提供虚假不实信息的企业，5 年内取消建设培育申报资格。建设培育成绩突出且符合相关要求的企业，可按规定整体纳入国家产教融合型企业认证目录，给予"金融＋财政＋土地＋信用"组合式激励。

国家发展改革委办公厅　教育部办公厅
关于印发产教融合型企业和产教融合
试点城市名单的通知

（发改办社会〔2021〕573号）

国务院有关部委办公厅，各省、自治区、直辖市及计划单列市发展改革委、教育厅（教委），有关中央企业：

为贯彻落实党中央、国务院关于深化产教融合的决策部署，根据《国家产教融合建设试点实施方案》（发改社会〔2019〕1558号），经国务院职业教育工作部际联席会议审议通过，现将《国家产教融合型企业名单》《国家产教融合试点城市名单》印发给你们，并就有关事项通知如下：

一、国家产教融合型企业和国家产教融合试点城市，要认真落实《国家产教融合建设试点实施方案》要求，切实深化产教融合，促进教育链、人才链与产业链、创新链深度融合、有机衔接。

二、国家产教融合型企业和国家产教融合试点城市，按规定享受产教融合领域相关投融资和财税等组合式激励政策。

三、各地发展改革和教育部门要发挥国家产教融合型企业和国家产教融合试点城市的示范引领作用，建立城市为节点、行业为支点、企业为重点的改革新路径新机制，重点聚焦完善发展规划和资源布局、推进人才培养改革、降低制度性交易成本、创新重大平台载体建设、探索体制机制创新等任务，统筹开展试点，落实支持政策，加强组织实施，确保如期实现试点目标。

四、各地发展改革和教育部门要指导和组织本地区国家产教融合型企业和国家产教融合试点城市，优化完善、深入落实产教融合整体工作方案，进一步细化工作任务，推动落实到位。组织企业和城市发布产教融合年度报告，及时公布工作经验、典型案例、取得成效等，切实发挥产教融合引领作用。

五、各地发展改革和教育部门要加强经验总结推广，成熟的经验及时上升为政策和制度，复制推广到本地区。产教融合年度工作进展，以及推进产教融合过程遇到的重大问题和具有示范效应的重大举措，应及时按程序向国家发展改革委、教育部等部门报告。

六、国家发展改革委、教育部将会同相关部门加强政策统筹、协调推进和督促检查，适时组织开展实施情况评估。

国家发展改革委办公厅

教育部办公厅

2021 年 7 月 16 日

国家发展改革委办公厅 教育部办公厅
关于印发试点建设培育国家产教融合型企业
工作方案的通知

（发改办社会〔2019〕964 号）

各省、自治区、直辖市及计划单列市发展改革委、教育厅（教委），国务院有关部委办公厅，有关中央企业：

按照《国家产教融合建设试点实施方案》和《建设产教融合型企业实施办法（试行）》要求，国家发展改革委、教育部会同工业和信息化部、财政部、人力资源社会保障部、国务院国资委共同研究制定了《试点建设培育国家产教融合型企业工作方案》，现印发你们，请结合实际，认真抓好落实。

国家发展改革委办公厅

教育部办公厅

2019 年 10 月 12 日

人力资源社会保障部　国务院国资委
关于深入推进技工院校与国有企业
开展校企合作的若干意见

（人社部发〔2018〕62 号）

各省、自治区、直辖市及新疆生产建设兵团人力资源社会保障厅（局）、国有资产监督管理部门，各中央企业：

技工教育是国民教育体系和人力资源开发的重要组成部分，承担着为经济社会发展培养高素质技能人才的重要任务。近年来，技工院校已经成为综合性的技工教育培训基地、高技能人才培养的重要阵地、与企业联系紧密的办学实体，形成了鲜明的办学特色和独特的技能人才培养优势。为深入贯彻落实党的十九大精神和《新时期产业工人队伍建设改革方案》、《国务院办公厅关于深化产教融合的若干意见》（国办发〔2017〕95 号）等文件要求，进一步深化产教融合、校企合作，切实提高技工院校人才培养质量，加强国有企业技能人才队伍建设，现就深入推进技工院校与国有企业开展校企合作提出以下意见。

一、总体要求

（一）指导思想

全面贯彻党的十九大精神，以习近平新时代中国特色社会主义思想为指导，紧紧围绕统筹推进"五位一体"总体布局和"四个全面"战略布局，实施就业优先战略和人才强国战略，根据经济转型升级、产业结构优化需要和劳动者就业创业需求，大力发展校企双制、工学一体的技工教育，充分发挥国有企业重要主体作用，促进人才培养供给侧和产业需求侧全方位对接，为增强企业核心竞争力，建设知识型、技能型、创新型劳动者大军提供有力支撑。

（二）基本原则

1. 统筹协调，共同推进

将校企合作作为技工院校基本办学制度，作为国有企业人力资源开发的重要途径，进一步完善校企合作制度，创新校企合作内容，形成人社部门、国有资产监督管理部门、国有企业、技工院校共同推进的工作格局。

2. 服务需求，优化结构

针对国有企业发展需求，优化技工院校结构，壮大优质技工教育资源，鼓励企业直接举办或参与举办同企业主业发展密切相关、产教融合的技工院校。结合推进国有企业改革，支持有条件的国有企业继续办好做强技工院校。

3. 校企双制，工学一体

充分调动校企双方的积极性、主动性和创造性，构建共同招生招工、校企双制培养的长效合作机制。完善技工院校专业设置，深化一体化课程教学改革，提升人才培养质量，增加高技能人才供给，提高技工院校人才培养能力。

（三）主要任务

鼓励国有企业（含国有上市企业，下同）参与同企业主业发展密切相关、产教融合的技工院校办学，深化校企合作制度，全面推行校企协同育人。推动形成办学规模适合市场需求，专业结构适应产业发展，校企融合贯穿办学过程，教学改革实现工学结合，实习实训与工作岗位紧密衔接，技能人才培养层次规模与经济社会发展更加匹配，社会服务功能更加健全的现代技工教育体系。持续完善国有企业技能人才培养培训制度，加快建设数量充足、素质优良、结构合理的企业技能人才队伍，形成初级、中级、高级技能劳动者队伍梯次发展和比例结构基本合理的格局，使技能人才规模、结构、素质更好地满足产业结构优化升级和国有企业发展需求。

二、深入推进校企合作办学

（四）完善校企合作办学制度

各级人社部门要发挥联系企业的职能优势，搭建校企合作平台，促进院校人才培养与企业用人需求紧密结合。指导技工院校推进专业设置与产业需求对接，课程内容与职业标准对接，教学过程与工作过程对接。促进校企共同招生招工、共商专业规划、共议课程开发、共组师资队伍、共创培养模式、共建实习基地、共搭管理平台、共评培养质量，形成"人才共有、过程共管、成果共享、责任共担"的校企合作办学制度，实现企业得人才、职工学生得技能、技工院校得发展的多赢目标。

（五）强化技工院校与国有企业合作关系

要建立人社部门、国有资产监督管理部门、国有企业、技工院校合作机制，形成校企利益共同体。鼓励校企双方以组建技工教育集团、校企股份制合作、自主经营生产、租赁承包、企中办校、校中办企等多种方式开展合作。鼓励国有企业直接举办或通过参股、入股等多种方式参与举办同企业主业发展密切相关、产教融合的技工院校。鼓励技工院校通过与国有企业合作开设订单、定向、冠名班等方式扩大招生规模。指导技工院校全面推广一体化课程教学改革，切实提高学生适应企业岗位工作要求的能力。鼓励技工院校和国有企业开展跨区域校企合作，带动贫困地区、民族地区和革命老区技工教育的发展。

（六）加强技工院校与国有企业人才的双向流动

要认真执行《职业学校教师企业实践规定》（教师〔2016〕3号），制定本地区技工院校教师企业实践工作管理办法，出台鼓励支持政策，多措并举推动技工院校教师到国有企业实践工作。鼓励技工院校教师同时成为企业培训师，探索建立技工院校教师和企业培训师资源共建共享机制。技工院校应将参与校企合作作为教师业绩考核的内容，具有相关企业或生产经营管理一线工作经历的专业教师在评聘和晋升职务（职称）、评优表彰等方面，同等条件下优先对待。技工院校可在教职工总额中安排一定比例或者通过流动岗位等形式，用于面向社会和企业聘用经营管理人员、专业技术人员、高技能人才等担任兼职教师。开展校企合作企业中的经营管理人员、专业技术人员、高技能人才，具备技工院校相应岗位任职条件，经过技工院校认定和聘任，可担任专兼职教师，并享受相关待遇。经所在学校或企业同意，技工院校教师和管理人员、企业经营管理人员和技术人员根据合作协议，分别到企业、技工院校兼职的，可根据有关规定和双方约定确定薪酬。

三、推动国有企业办技工院校改革

(七) 切实做好国有企业办技工院校改革工作

继续发挥国有企业重要办学主体作用,对与企业主业发展密切相关、产教融合且确需保留的企业办技工院校,可由国有企业集团公司或国有资本投资运营公司进行资源优化整合,积极探索集中运营、专业化管理。支持运营能力强、管理水平高的国有企业跨集团进行资源整合。鼓励国有企业多元主体组建技工教育集团,优质技工院校可通过兼并、托管、合作办学等形式,整合办学资源。探索多种方式,引入实力强、信誉高、专业化的社会资本参与国有企业办技工院校重组改制。经协商一致,对地方政府同意接收的国有企业办技工院校在移交地方管理时,各级人力资源社会保障部门要按照《关于国有企业办教育医疗机构深化改革的指导意见》(国资发改革〔2017〕134 号)规定主动接管。对运营困难、缺乏竞争优势的国有企业办技工院校,可以关闭撤销,及时办理注销手续并做好学生转学等后续工作。

(八) 营造国有企业参与技工教育良好政策环境

国有企业要根据经费来源、企业发展需要和承受能力,合理确定企业办技工教育方式。继续举办技工院校的国有企业,应充分发挥办学主体责任,依法筹措办学经费,参照当地生均拨款制度逐步建立健全长效投入机制,保障学校教育教学活动正常开展,现有公共财政经费继续按原有渠道落实。进一步落实和完善支持国有企业办技工院校的政策措施。各级人民政府可以采取财政补贴、以奖代补、购买服务等方式给予适当支持,促进国有企业办技工院校,为企业和社会培养合格人才,具体办法由各省级人社部门会同相关部门研究制定,所需资金由各省统筹解决。移交地方管理的国有企业办技工院校,由各地按照现行有关投入机制等政策规定筹集办学经费。探索国有企业支持技工院校发展的多种方式,国有企业可通过订单班、冠名班、定向委培、学徒制培养、职工教育培训基地、捐赠等多种方式，积极支持技工教育。

（九）持续完善国有企业办技工院校管理制度

保留的企业办技工院校要依法注册登记，取得法人资格，按照相应的财务制度实行独立核算。国有企业集团公司要完善所办技工院校考核机制，重点考核成本控制、营运效率、毕业生就业率和社会认可度等，建立相应的经营业绩考核和薪酬分配制度。

四、大力加强技工院校服务企业能力

（十）着力提升技工院校服务企业技能人才培养培训能力

鼓励和支持技工院校通过设立弹性学制等形式，满足企业职工通过技工教育或职业培训获得技能提升和职业发展的需求。鼓励和支持技工院校面向技能人才开展理论进修、知识更新和职业技能提升服务，开设技师研修班，开展技能大师交流研讨，积极参与技能人才评价和职业技能竞赛等活动。指导校企双方积极参与以"招工即招生、入企即入校、企校双师共同培养"为主要内容的企业新型学徒制实施工作，鼓励企业与技工院校共同合作积极开展学徒培训，大规模开展企业职工技能培训。引导技工院校面向企业发展急需紧缺职业（工种），大力开展高技能人才培训，增加高技能人才供给。

（十一）推动校企培训资源共享，积极开展生产性实习实训

鼓励引企驻校、引校进企、校企一体等方式，吸引优势国有企业与学校共建共享生产性实训基地、高技能人才培训基地、技能大师工作室、技能竞赛集训基地等。支持各地依托技工院校建设行业或区域性实训基地，带动各类企业参与校企合作。贯彻落实《职业学校学生实习管理规定》

（教职成〔2016〕3号），健全学生到企业实习实训制度。通过探索购买服务、落实税收政策等方式，鼓励国有企业直接接收学生实习实训。推进实习实训规范化，保障学生享有获得合理报酬的合法权益。

（十二）创新教育培训服务供给，积极参与学习型企业建设

鼓励技工院校、国有企业联合开发优质技工教育资源，大力发展"互联网＋教育培训"模式。探索构建基于互联网虚拟大学或虚拟学习社区。支持有条件的社会组织整合校企资源，开发立体化、可选择的产业技术课程和职业培训包。鼓励技工院校与国有企业共同组织开展基于工作场所的学习活动，积极为企业提供知识讲座、课程资源开发、技术辅导等服务，以多种形式参与企业大学等国有企业培训机构的建设。鼓励技工院校的院系与企业车间、班组结对子，建立校企合作的学习团队，通过多种教育培训服务供给，为职工提供终身技能发展服务。

五、切实做好组织实施工作

（十三）加强组织领导

各级人力资源社会保障部门和国有资产监督管理部门要加强沟通协作，共同帮助技工院校和国有企业解决校企合作过程中遇到的实际困难和问题。

（十四）完善投入保障机制

要指导国有企业依法履行职工教育培训责任，按规定足额提取职工教育培训经费并合理使用，其中用于一线职工教育培训的比例不低于60％。对实施校企合作的国有企业、技工院校和接受技工教育、职业培训的人员，符合国家职业培训补贴政策和职业教育资助政策的，按规定给予补贴和资助。

（十五）营造良好社会环境

要创新宣传方式，充分运用各类新闻媒体，采取群众喜闻乐见的形式，通过集中宣传与日常宣传相结合的方式，深入持久地开展校企合作宣传活动。要强化典型示范，突出导向作用，大力宣传各地加强技工院校校企合作的政策措施，大力宣传国有企业、技工院校的特色做法和先进工作经验，努力营造全社会关心和支持技工院校发展和技能人才培养的良好氛围。要利用五一国际劳动节、世界青年技能日、技工院校开学第一课等时间节点，组织国有企业的高技能领军人才在技工院校开展技能成才宣讲活动，鼓励更多青年走技能成才之路。

人力资源社会保障部　国务院国资委
2018 年 9 月 24 日

教育部等六部门关于印发《职业学校校企合作促进办法》的通知

（教职成〔2018〕1号）

各省、自治区、直辖市教育厅（教委）、发展改革委、工业和信息化厅（经济信息化委）、财政厅（局）、人力资源社会保障厅（局）、国家税务局、地方税务局，新疆生产建设兵团教育局、发展改革委、工信委、财政局、人力资源社会保障局，有关单位：

产教融合、校企合作是职业教育的基本办学模式，是办好职业教育的关键所在。为深入贯彻落实党的十九大精神，落实《国务院关于加快发展现代职业教育的决定》要求，完善职业教育和培训体系，深化产教融合、校企合作，教育部会同国家发展改革委、工业和信息化部、财政部、人力资源社会保障部、国家税务总局制定了《职业学校校企合作促进办法》（以下简称《办法》）。现将《办法》印发给你们，请结合本地区、本部门实际情况贯彻落实。

教育部　国家发展改革委

工业和信息化部　财政部

人力资源社会保障部 国家税务总局

2018 年 2 月 5 日

职业学校校企合作促进办法

第一章 总 则

第一条 为促进、规范、保障职业学校校企合作，发挥企业在实施职业教育中的重要办学主体作用，推动形成产教融合、校企合作、工学结合、知行合一的共同育人机制，建设知识型、技能型、创新型劳动者大军，完善现代职业教育制度，根据《教育法》《劳动法》《职业教育法》等有关法律法规，制定本办法。

第二条 本办法所称校企合作是指职业学校和企业通过共同育人、合作研究、共建机构、共享资源等方式实施的合作活动。

第三条 校企合作实行校企主导、政府推动、行业指导、学校企业双主体实施的合作机制。国务院相关部门和地方各级人民政府应当建立健全校企合作的促进支持政策、服务平台和保障机制。

第四条 开展校企合作应当坚持育人为本，贯彻国家教育方针，致力培养高素质劳动者和技术技能人才；坚持依法实施，遵守国家法律法规和合作协议，保障合作各方的合法权益；坚持平等自愿，调动校企双方积极性，实现共同发展。

第五条 国务院教育行政部门负责职业学校校企合作工作的综合协调和宏观管理，会同有关部门做好相关工作。

县级以上地方人民政府教育行政部门负责本行政区域内校企合作工作的统筹协调、规划指导、综合管理和服务保障；会同其他有关部门根据本办法以及地方人民政府确定的职责分工，做好本地校企合作有关工作。

行业主管部门和行业组织应当统筹、指导和推动本行业的校企合作。

第二章 合作形式

第六条 职业学校应当根据自身特点和人才培养需要，主动与具备条件的企业开展合作，积极为企业提供所需的课程、师资等资源。

企业应当依法履行实施职业教育的义务，利用资本、技术、知识、设施、设备和管理等要素参与校企合作，促进人力资源开发。

第七条　职业学校和企业可以结合实际在人才培养、技术创新、就业创业、社会服务、文化传承等方面，开展以下合作：

（一）根据就业市场需求，合作设置专业、研发专业标准，开发课程体系、教学标准以及教材、教学辅助产品，开展专业建设；

（二）合作制定人才培养或职工培训方案，实现人员互相兼职，相互为学生实习实训、教师实践、学生就业创业、员工培训、企业技术和产品研发、成果转移转化等提供支持；

（三）根据企业工作岗位需求，开展学徒制合作，联合招收学员，按照工学结合模式，实行校企双主体育人；

（四）以多种形式合作办学，合作创建并共同管理教学和科研机构，建设实习实训基地、技术工艺和产品开发中心及学生创新创业、员工培训、技能鉴定等机构；

（五）合作研发岗位规范、质量标准等；

（六）组织开展技能竞赛、产教融合型企业建设试点、优秀企业文化传承和社会服务等活动；

（七）法律法规未禁止的其他合作方式和内容。

第八条　职业学校应当制定校企合作规划，建立适应开展校企合作的教育教学组织方式和管理制度，明确相关机构和人员，改革教学内容和方式方法、健全质量评价制度，为合作企业的人力资源开发和技术升级提供支持与服务；增强服务企业特别是中小微企业的技术和产品研发的能力。

第九条　职业学校和企业开展合作，应当通过平等协商签订合作协议。合作协议应当明确规定合作的目标任务、内容形式、权利义务等必要事项，并根据合作的内容，合理确定协议履行期限，其中企业接收实习生的，合作期限应当不低于 3 年。

第十条　鼓励有条件的企业举办或者参与举办职业学校，设置学生实习、学徒培养、教师实践岗位；鼓励规模以上企业在职业学校设置职工培训和继续教育机构。企业职工培训和继续教育的学习成果，可以依照有关规定和办法与职业学校教育实现互认和衔接。

企业开展校企合作的情况应当纳入企业社会责任报告。

第十一条 职业学校主管部门应当会同有关部门、行业组织，鼓励和支持职业学校与相关企业以组建职业教育集团等方式，建立长期、稳定合作关系。

职业教育集团应当以章程或者多方协议等方式，约定集团成员之间合作的方式、内容以及权利义务关系等事项。

第十二条 职业学校和企业应建立校企合作的过程管理和绩效评价制度，定期对合作成效进行总结，共同解决合作中的问题，不断提高合作水平，拓展合作领域。

第三章 促进措施

第十三条 鼓励东部地区的职业学校、企业与中西部地区的职业学校、企业开展跨区校企合作，带动贫困地区、民族地区和革命老区职业教育的发展。

第十四条 地方人民政府有关部门在制定产业发展规划、产业激励政策、脱贫攻坚规划时，应当将促进企业参与校企合作、培养技术技能人才作为重要内容，加强指导、支持和服务。

第十五条 教育、人力资源社会保障部门应当会同有关部门，建立产教融合信息服务平台，指导、协助职业学校与相关企业建立合作关系。

行业主管部门和行业组织应当充分发挥作用，根据行业特点和发展需要，组织和指导企业提出校企合作意向或者规划，参与校企合作绩效评价，并提供相应支持和服务，推进校企合作。

鼓励有关部门、行业、企业共同建设互联互通的校企合作信息化平台，引导各类社会主体参与平台发展、实现信息共享。

第十六条 教育行政部门应当把校企合作作为衡量职业学校办学水平的基本指标，在院校设置、专业审批、招生计划、教学评价、教师配备、项目支持、学校评价、人员考核等方面提出相应要求；对校企合作设置的适应就业市场需求的新专业，应当予以支持；应当鼓励和支持职业学校与企业合作开设专业，制定专业标准、培养方案等。

第十七条　职业学校应当吸纳合作关系紧密、稳定的企业代表加入理事会（董事会），参与学校重大事项的审议。

职业学校设置专业，制定培养方案、课程标准等，应当充分听取合作企业的意见。

第十八条　鼓励职业学校与企业合作开展学徒制培养。开展学徒制培养的学校，在招生专业、名额等方面应当听取企业意见。有技术技能人才培养能力和需求的企业，可以与职业学校合作设立学徒岗位，联合招收学员，共同确定培养方案，以工学结合方式进行培养。

教育行政部门、人力资源社会保障部门应当在招生计划安排、学籍管理等方面予以倾斜和支持。

第十九条　国家发展改革委、教育部会同人力资源社会保障部、工业和信息化部、财政部等部门建立工作协调机制，鼓励省级人民政府开展产教融合型企业建设试点，对深度参与校企合作，行为规范、成效显著、具有较大影响力的企业，按照国家有关规定予以表彰和相应政策支持。各级工业和信息化行政部门应当把企业参与校企合作的情况，作为服务型制造示范企业及其他有关示范企业评选的重要指标。

第二十条　鼓励各地通过政府和社会资本合作、购买服务等形式支持校企合作。鼓励各地采取竞争性方式选择社会资本，建设或者支持企业、学校建设公共性实习实训、创新创业基地、研发实践课程、教学资源等公共服务项目。按规定落实财税用地等政策，积极支持职业教育发展和企业参与办学。

鼓励金融机构依法依规审慎授信管理，为校企合作提供相关信贷和融资支持。

第二十一条　企业因接收学生实习所实际发生的与取得收入有关的合理支出，以及企业发生的职工教育经费支出，依法在计算应纳税所得额时扣除。

第二十二条　县级以上地方人民政府对校企合作成效显著的企业，可以按规定给予相应的优惠政策；应当鼓励职业学校通过场地、设备租赁等方式与企业共建生产型实训基地，并按规定给予相应的政策优惠。

第二十三条　各级人民政府教育、人力资源社会保障等部门应当采取措施，促进职业学校与企业人才的合理流动、有效配置。

职业学校可在教职工总额中安排一定比例或者通过流动岗位等形式，用于面向社会和企业聘用经营管理人员、专业技术人员、高技能人才等担任兼职教师。

第二十四条　开展校企合作企业中的经营管理人员、专业技术人员、高技能人才，具备职业学校相应岗位任职条件，经过职业学校认定和聘任，可担任专兼职教师，并享受相关待遇。上述企业人员在校企合作中取得的教育教学成果，可视同相应的技术或科研成果，按规定予以奖励。

职业学校应当将参与校企合作作为教师业绩考核的内容，具有相关企业或生产经营管理一线工作经历的专业教师在评聘和晋升职务（职称）、评优表彰等方面，同等条件下优先对待。

第二十五条　经所在学校或企业同意，职业学校教师和管理人员、企业经营管理和技术人员根据合作协议，分别到企业、职业学校兼职的，可根据有关规定和双方约定确定薪酬。

职业学校及教师、学生拥有知识产权的技术开发、产品设计等成果，可依法依规在企业作价入股。职业学校和企业对合作开发的专利及产品，根据双方协议，享有使用、处置和收益管理的自主权。

第二十六条　职业学校与企业就学生参加跟岗实习、顶岗实习和学徒培养达成合作协议的，应当签订学校、企业、学生三方协议，并明确学校与企业在保障学生合法权益方面的责任。

企业应当依法依规保障顶岗实习学生或者学徒的基本劳动权益，并按照有关规定及时足额支付报酬。任何单位和个人不得克扣。

第二十七条　推动建立学生实习强制保险制度。职业学校和实习单位应根据有关规定，为实习学生投保实习责任保险。职业学校、企业应当在协议中约定为实习学生投保实习责任保险的义务与责任，健全学生权益保障和风险分担机制。

第四章　监督检查

第二十八条　各级人民政府教育督导委员会负责对职业学校、政府落实校企合作职责的情况进行专项督导，定期发布督导报告。

第二十九条　各级教育、人力资源社会保障部门应当将校企合作情况作为职业学校办学业绩和水平评价、工作目标考核的重要内容。

各级人民政府教育行政部门会同相关部门以及行业组织，加强对企业开展校企合作的监督、指导，推广效益明显的模式和做法，推进企业诚信体系建设，做好管理和服务。

第三十条　职业学校、企业在合作过程中不得损害学生、教师、企业员工等的合法权益；违反相关法律法规规定的，由相关主管部门责令整改，并依法追究相关单位和人员责任。

第三十一条　职业学校、企业骗取和套取政府资金的，有关主管部门应当责令限期退还，并依法依规追究单位及其主要负责人、直接负责人的责任；构成犯罪的，依法追究刑事责任。

第五章　附　则

第三十二条　本办法所称的职业学校，是指依法设立的中等职业学校（包括普通中等专业学校、成人中等专业学校、职业高中学校、技工学校）和高等职业学校。

本办法所称的企业，指在各级工商行政管理部门登记注册的各类企业。

第三十三条　其他层次类型的高等学校开展校企合作，职业学校与机关、事业单位、社会团体等机构开展合作，可参照本办法执行。

第三十四条　本办法自 2018 年 3 月 1 日起施行。

国务院办公厅关于深化产教融合的若干意见

（国办发〔2017〕95号）

各省、自治区、直辖市人民政府，国务院各部委、各直属机构：

进入新世纪以来，我国教育事业蓬勃发展，为社会主义现代化建设培养输送了大批高素质人才，为加快发展壮大现代产业体系作出了重大贡献。但同时，受体制机制等多种因素影响，人才培养供给侧和产业需求侧在结构、质量、水平上还不能完全适应，"两张皮"问题仍然存在。深化产教融合，促进教育链、人才链与产业链、创新链有机衔接，是当前推进人力资源供给侧结构性改革的迫切要求，对新形势下全面提高教育质量、扩大就业创业、推进经济转型升级、培育经济发展新动能具有重要意义。为贯彻落实党的十九大精神，深化产教融合，全面提升人力资源质量，经国务院同意，现提出以下意见。

一、总体要求

（一）指导思想

全面贯彻党的十九大精神，坚持以习近平新时代中国特色社会主义思想为指导，紧紧围绕统筹推进"五位一体"总体布局和协调推进"四个全面"战略布局，坚持以人民为中心，坚持新发展理念，认真落实党中央、国务院关于教育综合改革的决策部署，深化职业教育、高等教育等改革，发挥企业重要主体作用，促进人才培养供给侧和产业需求侧结构要素全方位融合，培养大批高素质创新人才和技术技能人才，为加快建设实体经济、科技创新、现代金融、人力资源协同发展的产业体系，提高产业核心竞争力，汇聚发展新动能提供有力支撑。

（二）原则和目标

统筹协调，共同推进。将产教融合作为促进经济社会协调发展的重要举措，融入经济转型升级各环节，贯穿人才开发全过程，形成政府企业学校行业社会协同推进的工作格局。

服务需求，优化结构。面向产业和区域发展需求，完善教育资源布局，加快人才培养结构调整，创新教育组织形态，促进教育和产业联动发展。

校企协同，合作育人。充分调动企业参与产教融合的积极性和主动性，强化政策引导，鼓励先行先试，促进供需对接和流程再造，构建校企合作长效机制。

深化产教融合的主要目标是，逐步提高行业企业参与办学程度，健全多元化办学体制，全面推行校企协同育人，用 10 年左右时间，教育和产业统筹融合、良性互动的发展格局总体形成，需求导向的人才培养模式健全完善，人才教育供给与产业需求重大结构性矛盾基本解决，职业教育、高等教育对经济发展和产业升级的贡献显著增强。

二、构建教育和产业统筹融合发展格局

（三）同步规划产教融合与经济社会发展

制定实施经济社会发展规划，以及区域发展、产业发展、城市建设和重大生产力布局规划，要明确产教融合发展要求，将教育优先、人才先行融入各项政策。结合实施创新驱动发展、新型城镇化、制造强国战略，统

筹优化教育和产业结构，同步规划产教融合发展政策措施、支持方式、实现途径和重大项目。

（四）统筹职业教育与区域发展布局

按照国家区域发展总体战略和主体功能区规划，优化职业教育布局，引导职业教育资源逐步向产业和人口集聚区集中。面向脱贫攻坚主战场，积极推进贫困地区学生到城市优质职业学校就学。加强东部对口西部、城市支援农村职业教育扶贫。支持中部打造全国重要的先进制造业职业教育基地。支持东北等老工业基地振兴发展急需的职业教育。加强京津冀、长江经济带城市间协同合作，引导各地结合区域功能、产业特点探索差别化职业教育发展路径。

（五）促进高等教育融入国家创新体系和新型城镇化建设

完善世界一流大学和一流学科建设推进机制，注重发挥对国家和区域创新中心发展的支撑引领作用。健全高等学校与行业骨干企业、中小微创业型企业紧密协同的创新生态系统，增强创新中心集聚人才资源、牵引产业升级能力。适应以城市群为主体的新型城镇化发展，合理布局高等教育资源，增强中小城市产业承载和创新能力，构建梯次有序、功能互补、资源共享、合作紧密的产教融合网络。

（六）推动学科专业建设与产业转型升级相适应

建立紧密对接产业链、创新链的学科专业体系。大力发展现代农业、智能制造、高端装备、新一代信息技术、生物医药、节能环保、新能源、新材料以及研发设计、数字创意、现代交通运输、高效物流、融资租赁、电子商务、服务外包等产业急需紧缺学科专业。积极支持家政、健康、养老、文化、旅游等社会领域专业发展，推进标准化、规范化、品牌化建设。加强智慧城市、智能建筑等城市可持续发展能力相关专业建设。大力支持集成电路、航空发动机及燃气轮机、网络安全、人工智能等事关国家战略、国家安全等学科专业建设。适应新一轮科技革命和产业变革及新经济发展，促进学科专业交叉融合，加快推进新工科建设。

(七) 健全需求导向的人才培养结构调整机制

加快推进教育"放管服"改革，注重发挥市场机制配置非基本公共教育资源作用，强化就业市场对人才供给的有效调节。进一步完善高校毕业生就业质量年度报告发布制度，注重发挥行业组织人才需求预测、用人单位职业能力评价作用，把市场供求比例、就业质量作为学校设置调整学科专业、确定培养规模的重要依据。新增研究生招生计划向承担国家重大战略任务、积极推行校企协同育人的高校和学科倾斜。严格实行专业预警和退出机制，引导学校对设置雷同、就业连续不达标专业，及时调减或停止招生。

三、强化企业重要主体作用

(八) 拓宽企业参与途径

鼓励企业以独资、合资、合作等方式依法参与举办职业教育、高等教育。坚持准入条件透明化、审批范围最小化，细化标准、简化流程、优化服务，改进办学准入条件和审批环节。通过购买服务、委托管理等，支持企业参与公办职业学校办学。鼓励有条件的地区探索推进职业学校股份制、混合所有制改革，允许企业以资本、技术、管理等要素依法参与办学并享有相应权利。

(九) 深化"引企入教"改革

支持引导企业深度参与职业学校、高等学校教育教学改革，多种方式参与学校专业规划、教材开发、教学设计、课程设置、实习实训，促进企业需求融入人才培养环节。推行面向企业真实生产环境的任务式培养模式。职业学校新设专业原则上应有相关行业企业参与。鼓励企业依托或联合职业学校、高等学校设立产业学院和企业工作室、实验室、创新基地、实践基地。

（十）开展生产性实习实训

健全学生到企业实习实训制度。鼓励以引企驻校、引校进企、校企一体等方式，吸引优势企业与学校共建共享生产性实训基地。支持各地依托学校建设行业或区域性实训基地，带动中小微企业参与校企合作。通过探索购买服务、落实税收政策等方式，鼓励企业直接接收学生实习实训。推进实习实训规范化，保障学生享有获得合理报酬等合法权益。

（十一）以企业为主体推进协同创新和成果转化

支持企业、学校、科研院所围绕产业关键技术、核心工艺和共性问题开展协同创新，加快基础研究成果向产业技术转化。引导高校将企业生产一线实际需求作为工程技术研究选题的重要来源。完善财政科技计划管理，高校、科研机构牵头申请的应用型、工程技术研究项目原则上应有行业企业参与并制订成果转化方案。完善高校科研后评价体系，将成果转化作为项目和人才评价重要内容。继续加强企业技术中心和高校技术创新平台建设，鼓励企业和高校共建产业技术实验室、中试和工程化基地。利用产业投资基金支持高校创新成果和核心技术产业化。

（十二）强化企业职工在岗教育培训

落实企业职工培训制度，足额提取教育培训经费，确保教育培训经费60%以上用于一线职工。创新教育培训方式，鼓励企业向职业学校、高等学校和培训机构购买培训服务。鼓励有条件的企业开展职工技能竞赛，对参加培训提升技能等级的职工予以奖励或补贴。支持企业一线骨干技术人员技能提升，加强产能严重过剩行业转岗就业人员再就业培训。将不按规定提取使用教育培训经费并拒不改正的行为记入企业信用记录。

(十三) 发挥骨干企业引领作用

鼓励区域、行业骨干企业联合职业学校、高等学校共同组建产教融合集团 (联盟)，带动中小企业参与，推进实体化运作。注重发挥国有企业特别是中央企业示范带头作用，支持各类企业依法参与校企合作。结合推进国有企业改革，支持有条件的国有企业继续办好做强职业学校。

四、推进产教融合人才培养改革

(十四) 将工匠精神培育融入基础教育

将动手实践内容纳入中小学相关课程和学生综合素质评价。加强学校劳动教育，开展生产实践体验，支持学校聘请劳动模范和高技能人才兼职授课。组织开展"大国工匠进校园"活动。鼓励有条件的普通中学开设职业类选修课程，鼓励职业学校实训基地向普通中学开放。鼓励有条件的地方在大型企业、产业园区周边试点建设普职融通的综合高中。

(十五) 推进产教协同育人

坚持职业教育校企合作、工学结合的办学制度，推进职业学校和企业联盟、与行业联合、同园区联结。大力发展校企双制、工学一体的技工教育。深化全日制职业学校办学体制改革，在技术性、实践性较强的专业，全面推行现代学徒制和企业新型学徒制，推动学校招生与企业招工相衔接，校企育人"双重主体"，学生学徒"双重身份"，学校、企业和学生三方权利义务关系明晰。实践性教学课时不少于总课时的 50%。

健全高等教育学术人才和应用人才分类培养体系，提高应用型人才培养比重。推动高水平大学加强创新创业人才培养，为学生提供多样化成长路径。大力支持应用型本科和行业特色类高校建设，紧密围绕产业需求，强化实践教学，完善以应用型人才为主的培养体系。推进专业学位研究生产学结合培养模式改革，增强复合型人才培养能力。

（十六）加强产教融合师资队伍建设

支持企业技术和管理人才到学校任教，鼓励有条件的地方探索产业教师（导师）特设岗位计划。探索符合职业教育和应用型高校特点的教师资格标准和专业技术职务（职称）评聘办法。允许职业学校和高等学校依法依规自主聘请兼职教师和确定兼职报酬。推动职业学校、应用型本科高校与大中型企业合作建设"双师型"教师培养培训基地。完善职业学校和高等学校教师实践假期制度，支持在职教师定期到企业实践锻炼。

（十七）完善考试招生配套改革

加快高等职业学校分类招考，完善"文化素质＋职业技能"评价方式。适度提高高等学校招收职业教育毕业生比例，建立复合型、创新型技术技能人才系统培养制度。逐步提高高等学校招收有工作实践经历人员的比例。

（十八）加快学校治理结构改革

建立健全职业学校和高等学校理事会制度，鼓励引入行业企业、科研院所、社会组织等多方参与。推动学校优化内部治理，充分体现一线教学科研机构自主权，积极发展跨学科、跨专业教学和科研组织。

（十九）创新教育培训服务供给

鼓励教育培训机构、行业企业联合开发优质教育资源，大力支持"互联网＋教育培训"发展。支持有条件的社会组织整合校企资源，开发立体化、可选择的产业技术课程和职业培训包。推动探索高校和行业企业课程学分转换互认，允许和鼓励高校向行业企业和社会培训机构购买创新创业、前沿技术课程和教学服务。

五、促进产教供需双向对接

(二十) 强化行业协调指导

行业主管部门要加强引导，通过职能转移、授权委托等方式，积极支持行业组织制定深化产教融合工作计划，开展人才需求预测、校企合作对接、教育教学指导、职业技能鉴定等服务。

(二十一) 规范发展市场服务组织

鼓励地方政府、行业企业、学校通过购买服务、合作设立等方式，积极培育市场导向、对接供需、精准服务、规范运作的产教融合服务组织（企业）。支持利用市场合作和产业分工，提供专业化服务，构建校企利益共同体，形成稳定互惠的合作机制，促进校企紧密联结。

(二十二) 打造信息服务平台

鼓励运用云计算、大数据等信息技术，建设市场化、专业化、开放共享的产教融合信息服务平台。依托平台汇聚区域和行业人才供需、校企合作、项目研发、技术服务等各类供求信息，向各类主体提供精准化产教融合信息发布、检索、推荐和相关增值服务。

(二十三) 健全社会第三方评价

积极支持社会第三方机构开展产教融合效能评价，健全统计评价体系。强化监测评价结果运用，作为绩效考核、投入引导、试点开展、表彰激励的重要依据。

六、完善政策支持体系

(二十四) 实施产教融合发展工程

"十三五"期间，支持一批中高等职业学校加强校企合作，共建共享技术技能实训设施。开展高水平应用型本科高校建设试点，加强产教融合实训环境、平台和载体建设。支持中西部普通本科高校面向产业需求，重点强化实践教学环节建设。支持世界一流大学和一流学科建设高校加强学科、人才、科研与产业互动，推进合作育人、协同创新和成果转化。

(二十五) 落实财税用地等政策

优化政府投入，完善体现职业学校、应用型高校和行业特色类专业办学特点和成本的职业教育、高等教育拨款机制。职业学校、高等学校科研人员依法取得的科技成果转化奖励收入不纳入绩效工资，不纳入单位工资总额基数。各级财政、税务部门要把深化产教融合作为落实结构性减税政策，推进降成本、补短板的重要举措，落实社会力量举办教育有关财税政策，积极支持职业教育发展和企业参与办学。企业投资或与政府合作建设职业学校、高等学校的建设用地，按科教用地管理，符合《划拨用地目录》的，可通过划拨方式供地，鼓励企业自愿以出让、租赁方式取得土地。

(二十六) 强化金融支持

鼓励金融机构按照风险可控、商业可持续原则支持产教融合项目。利用中国政企合作投资基金和国际金融组织、外国政府贷款，积极支持符合条件的产教融合项目建设。遵循相关程序、规则和章程，推动亚洲基础设施投资银行、丝路基金在业务领域内将"一带一路"职业教育项目纳入支持范围。引导银行业金融机构创新服务模式，开发适合产教融合项目特点的多元化融资品种，做好政府和社会资本合作模式的配套金融服务。积极支持符合条件的企业在资本市场进行股权融资，发行标准化债权产品，加大产教融合实训基地项目投资。加快发展学生实习责任保险和人身意外伤害保险，鼓励保险公司对现代学徒制、企业新型学徒制保险专门确定费率。

（二十七）开展产教融合建设试点

根据国家区域发展战略和产业布局，支持若干有较强代表性、影响力和改革意愿的城市、行业、企业开展试点。在认真总结试点经验基础上，鼓励第三方开展产教融合型城市和企业建设评价，完善支持激励政策。

（二十八）加强国际交流合作

鼓励职业学校、高等学校引进海外高层次人才和优质教育资源，开发符合国情、国际开放的校企合作培养人才和协同创新模式。探索构建应用技术教育创新国际合作网络，推动一批中外院校和企业结对联合培养国际化应用型人才。鼓励职业教育、高等教育参与配合"一带一路"建设和国际产能合作。

七、组织实施

（二十九）强化工作协调

加强组织领导，建立发展改革、教育、人力资源社会保障、财政、工业和信息化等部门密切配合，有关行业主管部门、国有资产监督管理部门积极参与的工作协调机制，加强协同联动，推进工作落实。各省级人民政府要结合本地实际制定具体实施办法。

（三十）营造良好环境

做好宣传动员和舆论引导，加快收入分配、企业用人制度以及学校编制、教学科研管理等配套改革，引导形成学校主动服务经济社会发展、企业重视"投资于人"的普遍共识，积极营造全社会充分理解、积极支持、主动参与产教融合的良好氛围。

附件：重点任务分工

国务院办公厅

2017 年 12 月 5 日

（此件公开发布）

附件

重点任务分工

序号	工作任务	主要内容	责任单位
1	构建教育和产业统筹融合发展格局	同步规划产教融合与经济社会发展。	国家发展改革委会同有关部门，各省级人民政府
2		统筹职业教育与区域发展布局。	教育部、国家发展改革委、人力资源社会保障部，各省级人民政府

序号	工作任务	主要内容	责任单位
3	构建教育和产业统筹融合发展格局	促进高等教育融入国家创新体系和新型城镇化建设。	教育部、国家发展改革委、科技部，有关省级人民政府
4		推动学科专业建设与产业转型升级相适应。建立紧密对接产业链、创新链的学科专业体系。加快推进新工科建设。	教育部、国家发展改革委会同有关部门
5		健全需求导向的人才培养结构调整机制。严格实行专业预警和退出机制。	教育部会同有关部门
6	强化企业重要主体作用	鼓励企业以独资、合资、合作等方式依法参与举办职业教育、高等教育。坚持准入条件透明化、审批范围最小化，细化标准、简化流程、优化服务，改进办学准入条件和审批环节。	教育部会同有关部门

序号	工作任务	主要内容	责任单位
7		鼓励有条件的地区探索推进职业学校股份制、混合所有制改革，允许企业以资本、技术、管理等要素依法参与办学并享有相应权利。	有关省级人民政府
8		深化"引企入教"改革，促进企业需求融入人才培养环节。	教育部、人力资源社会保障部、工业和信息化部会同有关部门
9		健全学生到企业实习实训制度，推进实习实训规范化。	教育部、国家发展改革委、人力资源社会保障部会同有关部门
10	强化企业重要主体作用	引导高校将企业生产一线实际需求作为工程技术研究选题的重要来源。高校、科研机构牵头申请的应用型、工程技术研究项目原则上应有行业企业参与并制订成果转化方案。完善高校科研后评价体系，将成果转化作为项目和人才评价重要内容。	教育部、科技部会同有关部门
11		继续加强企业技术中心和高校技术创新平台建设，鼓励企业和高校共建产业技术实验室、中试和工程化基地。利用产业投资基金支持高校创新成果和核心技术产业化。	国家发展改革委、教育部、科技部、财政部会同有关部门
12		强化企业职工在岗教育培训。	全国总工会、人力资源社会保障部会同有关部门

续表

序号	工作任务	主要内容	责任单位
13	强化企业重要主体作用	鼓励区域、行业骨干企业联合职业学校、高等学校共同组建产教融合集团（联盟），带动中小企业参与，推进实体化运作。	有关部门和行业协会，各省级人民政府
14		注重发挥国有企业特别是中央企业示范带头作用，支持各类企业依法参与校企合作。	国务院国资委、全国工商联
15		结合推进国有企业改革，支持有条件的国有企业继续办好做强职业学校。	国务院国资委、国家发展改革委、财政部
16	推进产教融合人才培养改革	将工匠精神培育融入基础教育。深化全日制职业学校办学体制改革，在技术性、实践性较强的专业，全面推行现代学徒制和企业新型学徒制。	教育部、人力资源社会保障部、国家发展改革委、全国总工会会同有关部门
17		健全高等教育学术人才和应用人才分类培养体系，提高应用型人才培养比重。	教育部、国家发展改革委会同有关部门
18		加强产教融合师资队伍建设。支持企业技术和管理人才到学校任教，鼓励有条件的地方探索产业教师（导师）特设岗位计划。	教育部，各省级人民政府
19		适度提高高等学校招收职业教育毕业生比例，建立复合型、创新型技术技能人才系统培养制度。逐步提高高等学校招收有工作实践经历人员的比例。	教育部会同有关部门

续表

序号	工作任务	主要内容	责任单位
20	推进产教融合人才培养改革	加快学校治理结构改革。创新教育培训服务供给。	教育部会同有关部门
21	促进产教供需双向对接	强化行业协调指导。规范发展市场服务组织。打造信息服务平台。健全社会第三方评价。	国家发展改革委、教育部、有关部门和行业协会，有关省级人民政府
22	完善政策支持体系	实施产教融合发展工程。	国家发展改革委、教育部、人力资源社会保障部
23		落实财税用地等政策。	财政部、税务总局、国土资源部、国家发展改革委，各省级人民政府
24		强化金融支持。	人民银行、银监会、证监会、保监会、国家发展改革委、财政部
25		开展产教融合建设试点。	国家发展改革委、教育部会同有关部门，各省级人民政府
26		加强国际交流合作。	教育部会同有关部门

后记

　　自 2000 年我校申办安全防范技术专业以来，二十二年风雨兼程砥砺前行，伴随着安防行业的迅猛发展和职业教育的高歌猛进，在行业主管部门、教育主管部门、行业协会、安防企业、同类院校的大力支持和通力合作下，浙江警官职业学院安全防范技术专业取得了一系列改革发展成就，为区域产业发展、安防人才培养、产教融合创新、"平安中国"建设做出了应有贡献，不负韶华不辱使命。

　　2000 年，安全防范技术专业由我校向教育部申报备案，并在全国率先举办；2008 年，入选国家示范性高等职业院校重点建设专业；2009 年，入选浙江省高职高专院校特色专业，同年获浙江省教学成果一等奖；2012年，入选浙江省高职高专院校"十二五"优势专业；2013 年，获批中央财政支持的职业教育实训基地；2016 年，入选浙江省高校"十三五"优势专业，建成国家精品共享课程 2 门，成为浙江省安全技术防范行业协会唯一指定从业人员资质培训基地，并联合浙江省安全技术防范行业协会发起成立全国安防职业教育联盟；2017 年，浙江省"十三五"高等职业教育示范性实训基地获准三项；2019 年，入围中国高水平专业群备选名录，获批国家骨干专业和国家生产性实训基地，同年，在全国司法职业教育教学指导委员会指导下，成立安全防范专业教学指导工作委员会并由我校教师担任主任委员，承办首届"宇视杯"全国高职院校安防技能竞赛，相继与全球安防领军企业"海康""大华""宇视"建立战略合作关系；2020年，入选浙江省双高建设 A 类专业群，与"海大宇"等共同开发 1＋X 证书并获教育部认定，与浙江大华成立"大华股份产业学院"，共建校内生产性实训基地；2021 年，联合宇视科技成立"宇视数字安防产业学院"，全国安防职业教育联盟入选国家第二批示范性职教集团，立项省级"数字安防"产教融合实践基地，参与教育部 2021 年新版职业教育专业目录修订，牵头教育部司法类"数字安防技术"高职本科、"安全防范技术""智能安防运营管理"高职专科专业教学标准修（制）订工作；2022 年，入选浙江省安全防范技术专业教师教学创新团队。

在政府部门、行业企业和兄弟院校的关心与支持下，我们始终以立德树人为根本遵循，深耕安防职业教育，服务地方经济和社会发展大局，赢得了校企协政广泛赞誉。在此，特别向关心和支持浙江警官职业学院及安全防范技术专业发展的全国司法职业教育教学指导委员会、浙江省司法厅、浙江省教育厅、浙江省安全技术防范行业协会、浙江大华技术股份有限公司、浙江宇视科技有限公司、杭州海康威视数字技术股份有限公司、杭州电子科技大学、浙江科技学院、北京政法职业学院、海南政法职业学院、四川司法警官职业学院、山东司法警官职业学院、武汉警官职业学院、甘肃警官职业学院等单位表示诚挚敬意与衷心感谢。

站在新的历史起点，我们将情怀家国、传承创新、巩固优势、拓展特色，勇做现代安防职业教育的先行者、探路人，切实担负起安防职业教育专业建设和人才培养的历史重任，为实现"共建·共育·共享·共发展"的现代安防产教融合体系谱写新篇章，以优异成绩迎接中国安防职业教育高质量发展的美好未来。